2018 年度重庆市艺术科学研究规划项目"功能与时尚服饰应用研究"
（项目编号：18ZD03）

智体裁衣
——功能性服饰的创新研究

主　编◎苏永刚　陈　石
副主编◎程　琦　于　莹

中国纺织出版社有限公司

内 容 提 要

随着互联网技术的发展、人工智能的进步，以及生物技术、纺织和化纤、视觉艺术设计等各个领域的合作，新材质被空前开发，新技术也层出不穷，新功能不断得以实现，功能性服饰也被重新激活，实现了真正的"智"创未来。

自《中国制造2025》制造强国战略实施以来，服装产业通过行业转型，迈入了"智"能制造，而功能性服饰与人工智能的结合，拓宽了服饰功能性的表达，助力创造新的生活方式及生活观念，使服装设计与功能性创新居于革新的前沿。本书以功能性服饰为研究对象，针对其科技性、时尚性、品牌性、未来性4个方向，以课程为依托，探究未来功能性服饰乃至大众服饰更加合适的发展路径。

本书适合高校艺术设计专业师生及相关研究者使用。

图书在版编目（CIP）数据

智体裁衣：功能性服饰的创新研究／苏永刚，陈石主编；程琦，于莹副主编. -- 北京：中国纺织出版社有限公司，2022.7

ISBN 978-7-5180-9632-9

Ⅰ.①智… Ⅱ.①苏… ②陈… ③程… ④于… Ⅲ.①功能性织物－服饰－设计－研究 Ⅳ.① TS941.2

中国版本图书馆 CIP 数据核字（2022）第 103324 号

责任编辑：华长印 李淑敏 责任校对：王蕙莹
责任印制：王艳丽

中国纺织出版社有限公司出版发行
地址：北京市朝阳区百子湾东里 A407 号楼 邮政编码：100124
销售电话：010—67004422 传真：010—87155801
http://www.c-textilep.com
中国纺织出版社天猫旗舰店
官方微博 http://weibo.com/2119887771
北京华联印刷有限公司印刷 各地新华书店经销
2022 年 7 月第 1 版第 1 次印刷
开本：710×1000 1/16 印张：7.5
字数：100 千字 定价：98.00 元

我们为什么要穿衣服？人类学对此有"保护说""羞耻说""炫耀说""交流说"不同的解释。人类有许多需求，其中最基本的一种便是保护身体免受外部环境的侵害，第一种解释"保护说"便是基于此提出的；第二种是"羞耻说"，认为穿衣是为了遮盖身体器官；第三种解释可能更加有意思，即穿衣是为了装饰和炫耀，衣着是为了使我们变得更加有吸引力；第四种解释"交流说"认为人类利用服饰等象征物来交流是一种普遍的天性。这种说法目前已经为研究服饰的人类学家和关心时尚的理论家们所接受。

人们早在1891年美国芝加哥工业设计展中就提出"让技术设计去适应人"。受工业革命的影响，工业产品尤其是服装产品的批量生产使人们渐渐失去自我，共性成分抑制了个性化的需求。服装应具备的人体工效学内容被忽略，服装科学与服装技术更受到了不应有的冷落和偏废。

20世纪90年代末，"以人为本""人性化设计"已成为设计学公认的观点，设计师在营造物质世界的过程中，越来越注重对人们自身需求的满足以及人与环境、物质媒介之间的和谐默契的追求，力求最大限度地使设计门类的介质与效能达到最佳状态。如今在服饰设计中，设计师从形式的主观表述到开始顾及服装的机能与功效，体现设计要求的合理化和科学性。也就是说，不再局限于表象的形式美表现上，而是建立在发挥人体运动、安全、卫生、舒适性等生理、心理的综合绩效上，力求设计的严谨与服装机能的完美统一。

在激烈的市场竞争中，功能性服饰也需要找到自己的闪光点，增加竞争优势现在的功能性服饰生产企业的生存与发展中越发需要依靠科技性和时尚性等因素，具备科技感和时尚感的功能性服饰应运而生。并且深入研究功能性服饰的科技性和时尚性因素，可以发掘与人们日常生活紧密相关的功能性服饰的更多发展领域。当下功能性服饰的发展，不仅要在实用性的基础上，加上科技性和时尚性等因素，更要形成一个多功能的联动机制，集多重优势于一身。

本书主要从"智"能生活出发，围绕人体工效学的理论方法建构功能性服饰发展的一套体系。着重陈述功能性服饰发展的现状和问题，梳理其创新设计理念和原则，并阐释其科技性、时尚性和品牌性等功能性特征，以及未来发展趋势。希望本书可以对未来功能性服饰的进一步发展提供一定的理论基础。

目录

第一章

功能性服饰概述

服饰艺术作为一种兼具艺术性与实用性的艺术形式，除了满足人们基本的穿着需求外，在实用性、审美性和功能性等方面进行突破，形成一门融合多学科优势的应用性学科。现如今，服饰越来越多地与人们的生活方式紧密联系。随着消费者生活观念的转变，其对服装的消费需求也在不断变化，功能性服饰作为服装产业中的重要部分被大众更加重视，将功能性的性能与时尚的设计融入服装产业链，使功能性服饰更好地满足消费者在各个领域中的需求，更多地为创造"智能生活"所服务。

功能性服饰是为满足消费者某些具体的需求而进行设计和制作，是在满足消费者基本生活需求的基础上，兼具某项特殊功能以满足某项工作或生活需求。功能性服饰的研发是在满足人民基本需求和市场经济发展的时代背景下进行的。中国自古就有针对功能性而设计的服装，如我国最早的士兵盔甲，就是为了保护士兵的安全而设计。但国内对于功能性服饰更为专业化、系统化的研究开始于20世纪40年代。直至20世纪末，功能性服饰的设计与研发取得了很大进展，人体工程学、感性工学等具有指导性的服装设计理论和新科技、新理念的不断出现，使功能性服饰的设计更迎来一个新阶段，不仅设计的深度得以加深，研究的领域范围也在不断扩展。从满足人民大众对于服装基于遮寒蔽体的基本需求，到现代服装设计中更为生活化、智能化的设计，以设计服务于人，以功能性便利生活，真正设计出兼具实用性、安全性、智能性、美观性和舒适性于一体的功能性服饰。

功能性服饰越来越朝着兼容性、利民性的方向发展，其作用绝非限定于某一领域，而是会在整个服装产业起着以点带面的作用，展现更多具备前瞻性的技术与材料，更多适合人类未来的服装也会逐渐清晰起来。麻省理工学院在2016年与新百伦（New Balance）合作开发生物科技服饰，从一种生活在干枯稻秆中的微生物获取灵感，进行科技服饰的研发。这种新型科技服饰由微米分辨率生物打印系统组装而成，并通过生物学转化为相应方式。这种新型科技服饰能对人体的热量和汗液产生反应，导致热区周围的皮瓣打开，使汗液通过有机物质的流动蒸发，从而冷却身体（图1-1）。

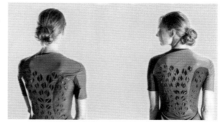

图1-1　吸汗运动服

目前，市面上的功能性服饰主要分防护性和非防护性两大类，具体的分类范畴依据服饰的服务对象和功能性。防护型服饰目的是在某种具备不安全因素的工作或生活环境中，满足人们安全性的需求，如火场等危险场所，攀岩、游泳等户外环境或像太空等极特殊环境下具有防护功能的服饰等；非防护型服饰旨在满足居民提高生活品质和改善身体健康的需求，更多地与日常生活相联系，这类服饰一般拥有便利生活需求、健康环保功能特点。像Enflux运动服装可以分析一个人的身体并提供个性化的运动建议和反馈，像一位3D数字教练监督个人的运动和身体状况（图1-2）。这是我们长久以来梦寐以求的新的个性化培训体验。

图1-2　Enflux运动服

当下服装产业对于功能性服饰的需求关注点主要集中在以下几个方面，如表1-1所示。

表1-1　功能性服饰需求分类

分类	举例
具备专业防护功能的服装	如抗电磁辐射服装、防紫外线服装等
具备环保功能的服装	如自然可降解服装、减少水资源浪费服装、废旧物合成服装等
针对户外运动的功能性服装	如太阳能转化服装、运动状态监测服装、固化材料服装等
针对弱势群体的功能性服装	如防止儿童走失的服装、婴儿健康监测服装、老人自动报警器服装、智能情感交流服装
针对医疗保健类的功能性服饰	如检测身体情况的电子纺织品等

图1-3所示为Neopenda的生物信号监测仪，该检测仪一般被安装在新生儿所佩戴的帽子里，用于测量体温、心率、呼吸频率和血氧饱和度。该产品由纽约一家专注于健康产业的公司开发，由哥伦比亚大学的索纳·沙

图1-3　Neopenda智能监测仪

（Sona Shah）和特蕾莎·考维尔（Teresa Cauvel）两名生物医学工程专业毕业生所创建，该产品最多可通过蓝牙无线连接24顶婴儿帽，并同步到装有可自定义软件的平板电脑上。医生和护士可以一目了然地看到房间里每位婴儿的生命体征，做到随时监测，防止意外的发生。

当前功能性服饰市场正向着智能化、科技性和安全性的目标发展，兼顾实用性和时尚性的需求，研发出更多服务于人们日常生活的服装，提高了人们的生活质量。虽然时尚设计和科技的渐渐融入，可以提高服装的品牌影响力和性能，增强其附加值，但其更新速度和质量仍未满足人们的日常生活需求。随之而来的是一系列问题：对现阶段功能性服饰发展情况缺乏系统的梳理，无法准确定位市场需求；功能性服饰的创新发展缺乏创新型人才和新技术支持；功能性服饰的质量不能满足市场质量检测标准等。

为更好地保证功能性服饰研发的速度和质量，达到齐头并进的要求，必须在认清功能性服饰市场现状和问题的基础上提出解决措施：一是要厘清目前功能性服饰发展的要素和趋势并找出存在问题，这是进一步发展的前提；二是要加大高科技研究力度，培养服装产业创新型人才，与高校合作，共同研究具有创新点和功能性的产品，从技术创新和设计要素双头并进，使科学研发成果及时转化成服饰行业生产力，同时更要增强服饰产业的产品竞争力，增强市场的积极性；三是要关注消费主题的需求，制订行业内的规范。因此，更加重视科技力量和传统服饰工艺的结合，着眼于消费者日益增长的生活需求，重视审美性和时尚性的融合，打造专属自己的服装产品，是我国研发拥有自主产权的功能性服饰品牌的坚实基础。

第一节　功能性服饰研究的国内外现状和内容

一、国内外研究现状

1. 国外研究现状

对于功能性服装的相关研究与两次世界大战的发生密切相关。战争中寒冷的气候和单薄的衣物不能满足士兵们的保暖需求，甚至影响到军队的战斗力，更有士兵因难以忍受寒冷而开枪自杀。这些由于服装导致的一系列严重后果引起了政府部门和相关领域的关注。自此，服装的功能性研发受到各国服装行业的重视，直至今天已经取得了很大的进步。尤其是服装与气候的研究和温热生理学研究，更是为后面的功能性服装研究提供了强大的理论基础，相关领域的著作有霍利斯（N.R.SHollis）和福特（L.Fourt）撰写的《服装的舒适性与功能》，以及戈尔德曼（R.F.Goldman）和霍利斯撰写的《服装舒适性》等。这些专家从服饰与人和环境的联系、功能性服饰的面料要求、时尚设计等方面进行阐述。就国外目前对于功能性服饰的研究来看，西方国家已经形成相对成熟的研究体系，并建有相应研究机构。例如，美国的纳蒂克研究所、英国的皇家艺术学院、英国的德比艺术学院和英国利兹大学研究所等研究机构和高校（表1-2）。

表1-2　国外功能性服饰研究现状

研究机构	研究方向	研究内容
美国纳蒂克研究所	针对部队作战功能性服饰的实用性和舒适性研究	号称可以"背着空调打仗"的制冷型战斗服，面料中融入科技手段打造蜂窝状结构，促进空气在防护服和人体表面皮肤之间的循环。做到凉爽和帮助排汗，从而达到降低人体温度的目的，且服饰轻便不会影响士兵活动，服装不仅可以自动控温，还可以恒温
英国皇家艺术学院	针对残疾人功能性服饰研究	对于为残疾群体设计的功能性服装，更加强调服装的舒适性和功能性，以及"以人为本"的功能性服饰设计原则

续表

研究机构	研究方向	研究内容
英国德比艺术学院	针对功能性服饰理论设计研究	英国专家更倾向于称为服装设计和研发，并注重学科的交叉研究，服装的时尚设计、面料的研发和科学技术的支持
英国利兹大学	针对竞技体育类、老人和儿童等特殊群体功能性服饰研究	从工艺和面料技术、服装机构造型等方面进行研究，为老年人和儿童设计能够满足他们特殊需求的功能性服装；为户外运动和竞技体育相关的人群设计功能性服装

　　美国、日本、韩国、芬兰、瑞士、加拿大和其他国家的公司也在加强新材料和新技术的研发，以满足消费社会中功能性服饰的多样化需求。伦敦大学学院材料科学教授马克·梅奥多里克（Mark Meodoric）在其著作《迷人》中提到：2004年被英国科学家研究出来的石墨烯——"新材料之王"，将会掀起一场服装技术革命。胡迪·利普森是3D打印技术的高级专家，致力于3D打印技术与具备感知、执行、反馈和控制的等新兴功能的多功能复合材料和新材料合成技术的深度研发，并在3D打印技术的应用与发展上取得了更多的进展。

　　美国科莫多（Komodo）公司开发了一种能够监测人类心率活动和心脏疾病的智能袖套——智能AIO袖套（图1-4），该原理是利用心电图（ECG）技术监测心率活动，提供准确的心率数据，以及监测睡眠质量、运动强度、体温、空气质量等，还可以帮助穿着者检测心脏和冠状动脉的炎症。

图1-4　智能AIO袖套

2. 国内研究现状

　　国内对功能性服饰的研发主要开始于相关机构对于军事战争中武器装备的隔热性研究，起步时间略晚。自20世纪60年代开始，经历了对功能性服饰长达几十年的系统研发，先后出现了很多功能性服饰研究的专家。20世纪90年代，中国在服装功能领域的研究和开发取得了很大的成就，范围也在扩大。随着科学技术的进步，新的服装材料日新月异，内部研发和功能性服装的理论研究也取得了长足的进步。

近年来，国内关于功能性服饰的理论研究颇有建树：江南大学的王云青、东华大学的张文斌和宁波大学的尹玲，围绕调整型功能服装中压力的分布及其影响因素的相关研究，为设计更有效和舒适的调整型功能服装提供参考依据；西安工程大学田芳老师利用人们对不同尺寸和弹性的紧身裤的主观压力评价，对得到的数值进行分析，讨论了不同穿衣舒适感之间的影响，为紧身衣的设计与制作方法和实践提供了参考依据；东华大学的张渭源和北京服装学院的王永进在试验中得到7个代表性生理指标变化的数据，得到功能性服装的压力与人体生理指标的关系，为功能性服装的压力研发提供了理论基础。

此外，就功能性服装的科技层面，中国的研究水平发展迅速。邢声远在《服装面料与辅料手册》一书中肯定了中国纺织服装产业在世界上的重要地位：中国在纱线、织物和服装的生产和出口量均居世界第一位，但与发达国家相比，仍存在种类单一和质量方面的差距。除了装备和生产技术落后以及相关产业的落后外，长期以来中国一直处于以劳动力为主的束缚之中，这些都阻碍了中国成为一个世界纺织品和服装生产强国。陈根在其著作《可穿戴设备：移动互联网新浪潮》中提到，中国在智能服装领域的技术和应用被认为是未来服装业的大趋势。而这一技术已在工业、军事、医疗、娱乐等各个领域日趋成熟，未来可穿戴设备的发展与服装产业的结合将极具潜力。目前国内对于可穿戴设备的探索已有初步成就，如可监测身体状况的手表、服装等；而下一步的发展应该聚焦现阶段基础之上，更多地探索适合社会各个行业、各个人群的差异化的细分市场，更好地满足使用者个性化的需求。同时，改变中国传统服装产业以廉价劳动力获利的旧貌，利用已有的劳动力和资源基础，升级生产设备与技术，引进人才，加强技术与设计的创新，并注重未来的发展方向。宋嘉朴也在其《服装生产工艺与设备》中表示，现代科技极大地促进了服装产业的升级换代，中国服装设计过程的虚拟化改变了传统的服装生产和营销模式；服装生产技术和设备的升级，更好地利用了现代生产设备技术集成、智能化和自动化的显著特征。

在传统面料开发领域中国是较为领先的，像中国鲁丰织染免烫技术达到世界最高级别4级，解决了纯棉衬衫水洗后皱褶增多的问题；山东如意毛纺服装集团有限公司的反光服，增强了涂在纱线上的反光材料的稳定性，更新增抗皱的新性能；由安踏（中国）有限公司开发的新型生物基Sorona®弹性纤维37%的成分来自可持续和可再生的天然生物材料，该款纤维可将能耗降低30%，并减少温室气体排放；万事利丝绸文化股份有限公司研发出世界最薄丝绸，厚度仅为0.07毫米等。

在我国目前的服装领域中，智能服装已经广泛地出现在人们的生活和工作中。例如，Zorflex材料是一种活性炭材料，它既柔软又轻薄，可以消除异物，维持空气清新。据报道，这种材料还可以应用到化学防毒衣的制作中，保障穿着者的呼吸健康和身体健康。智能手环和智能手表也已成为智能服装配件的日常用品。在今天的国内市场上，出现了很多专注于智能服装和可穿戴设备研究的公司，像特步、李宁等一线品牌也纷纷加入智能服装开发的队伍中来，可见智能化趋势是未来服装产业的新灯塔。

综上所述，国内对于功能性服饰特别是功能性服饰与科技性和时尚性结合的研究取得了较快的发展和成果，但在运用时尚和科技与功能性服装的融合、设计要素与科技性和时尚性交融、设计实践与科技性时尚因素结合的研究还不够。因此，运用科技性与时尚性元素对服装的功能性改进有着重要的理论意义，而且为服装设计和实践环节提供了实践经验。

二、功能性服饰研究内容

随着生活水平的提升，服饰领域已然有了很大的需求变革，这些需求变革同样带来了功能性服饰的高潮。功能性服饰，指就服装的功能性而言，某一方面要发挥特殊功能或拥有超级功效的服饰。而在服装的生产和销售上来看，要满足于消费者对于舒适、健康、防护等生活需求，并在此基础上实现更多功能性的延伸。简单地说，就是在服饰上能满足客户日常生活中的更多功能需求。

同时，因为消费者对于服饰的时尚性和科技含金量的要求提高，功能性服饰经历了升级改造，成为服装产业广受欢迎的新型产品。研究功能性服装，必须要了解功能性服饰大体的类型与内容，以下就是功能性服饰的具体分内容，虽然彼此属于不同领域，但是其各部分功能因素是相互协作的，共同打造出一个智能化交互的设计系统。

1. 具备安全防护功能的服装

生活中的不安全因素总为消费者的日常
生活带来种种不便，尤其是处于恶劣或危险工
种的工作人员更加需要防护型功能性服装的保
护。在危险环境中，防护服可以为工作人员提
供保护或减少自身受到的伤害。而在众多的安
全防护领域内，对军事和国防安全系统的需求
仍然是主要的应用领域，防弹服和防火服的制
作在很多国家都是受到广泛关注的。如专门制
作高端防弹西装的加拿大男装定制品牌 Garrison
Bespoke，其防弹西装是与美国特种部队联合开
发，并采用美军战时防弹材料碳纳米管材料制
作，兼具防护性与时尚性（图1-5、图1-6）。

图1-5　Garrison Bespoke手工定制
防弹西装

图1-6　碳纳米管材料

安全防护型服装除军事和安保需求外，在职业领域和日常生活中也是必不可
少的。基础型的防护服有人体防晒衣、抗静电防护服、抗菌服等。对于夏天的
服装，消费者追求轻薄和抗紫外线性能，防止晒黑。普通纺织面料的紫外线
防护服装日益增多，适用在户外运动服装或休闲服饰上。但是普通纺织面料
中加入的防晒助剂，只能隔离紫外线一段时间，经过反复揉搓清洗后，衣服
的防紫外线性能就会消减。但是，防紫外线服装行业现今融入高科技，采用
功能性纤维对紫外线抵抗作用来防止紫外线透过服装损坏体表皮肤。再有就
是抗菌服装。各种各样的微生物潜藏在我们生活的方方面面，人们不可避免
地与它们发生接触。正常情况下，我们不会受到致病菌的伤害，但是当条件
合适，它们就会大量繁殖，并经过皮肤层进入人类体内，造成皮肤疾病、消
化道疾病、血液疾病等，对人体健康产生威胁。因此，抗菌功能性服装的需
求也存在很大的潜在市场，如抗菌袜子、抗菌内衣、抗菌羽绒服等。而这些
抗菌功能的服装多是在传统纺织纤维的基础上加以抗菌化的处理，使用不对
人体产生危害的抗菌剂与传统纤维相结合，对人体形成一层保护层，以抑制
像大肠杆菌、白色念珠菌等的繁衍。其他如抗静电防护服，在现实生活中，静

电处处可在，然而，在达到一定量时，就会危害人们的身体健康，影响正常的活动。老年人受到的静电威胁相对于年轻人是更多的，因为他们的皮肤随着年龄的变化逐渐衰老、干燥，再加上皮肤的免疫系统弱化，抗干扰能力下降以及心血管系统老化，使得他们的皮肤对于静电更加敏感，严重时可以引发心血管疾病。静电防护服是基于这个问题而设计，利用纤维内部添加导电纤维或抗静电剂，经特殊工艺制成，防止静电积蓄，从而保护人体免受伤害。最新研发的抗静电防护服改进了之前厚重、不透气等弊端，不仅屏蔽静电性能稳定可靠，而且透气性好，穿着舒适。

新型的防护服更多地运用了新技术与新材料，将电子科技纳入服装设计与生产中，人工智能越来越多地出现在服装产品中。成立于上海的拓萧智能公司，专注于人工智能与人体健康的检测与服务。他们自主研发了云听系统，将智能听诊系统、心肺功能监测系统等纳入可穿戴设备中，并运用于服装中。国内外对于儿童肺炎与哮喘病人群的监护与防治有很大的需求，如何有效解决母婴群体的健康监测问题十分重要。这一问题引起了上海拓萧智能的周宏远和同事们的关注，他们组建团队研发了一款小儿肺音听诊器，并取名为"ChildCare云听"，再将其与服装制作相结合，实现了横跨智能设计与服装两个领域的创举，研发出智能功能性服装。这款智能功能服装的推出吸引了国内外智能服装领域内的关注。而智能穿戴服装和技术的结合可以为人们的生活带来更多的舒适感。既可以应用于医疗监测方面，关注老人、儿童、青年人等多个社会群体的健康，监测包括体温、心率、胎动率、呼吸率、血压等多方面情况；又可以应用于运动、学习等生活中的多个领域，满足智能生活的需求（图1-7）。

图1-7　ChildCare 云听

2. 具备环保功能的服装

随着环保意识的上升和科学技术的进步，目前功能性服饰在设计研发中更加注重环保，以绿色可循环的原料为服装材料，在满足消费者需求的前提下，实现绿色环保的目的。当我们所穿着的服装过时或破旧后，往往会被扔到垃圾桶，成为垃圾填埋场中的一员。据美国国家环境保护局（U.S. Environmental Protection Agency）在2014年公布的数据显示，服装类垃圾在美国境内所有城市固体垃圾中所占的比例约为9%。而服装消费品的生产、销售和使用速度与数量，也为服装产品贴上了"快消品"的标签，欧盟等成员国也将其与污水排放、废气排放等污染联系起来，加以重视。如何使用节能、环保的服装材料成为服装设计的下一项目标。生物设计峰会Biofabricate的创始人苏珊娜·李（Suzanne Lee）曾说："要想让快消时尚品持续下去，所使用的材料必须开始能够被循环利用，重新成为供应这一时尚领域的原材料。而在设计过程中，它们不应该注定被扔进垃圾填埋场；我们所有人，尤其是设计师，都应该为这种变化而努力。"

　　一批像苏珊娜·李这样的前卫设计师越来越多地关注天然可持续材料的研发和在服装中的使用，他们在实验室中研究未来可降解和持续使用的环保材料。纽约市时装技术学院（Fashion Institute of Technology/F.I.T.）数学和科学系的助理教授蒂安娜·席罗斯（Theanne Schiros）从大自然中可以快速繁殖的细菌、真菌等生物中获得灵感，创造出新的"生物原料"（图1-8）。席罗斯选择了藻类生物为研究对象，创造出了一种类似纱线的纤维，而这种纤维可以像传统织物一样制作出服装，不同的是它可以在被废弃后实现自然降解。席罗斯研发出的海藻纤维被认为是具有市场前景的生物工程服装材料，它具有天然防火性能，还具有比棉花还快的降解速度，真正地实现了环保可持续。同时，席罗斯还利用细菌作为服装材料，她以液体细菌培养物、真菌和可降解垃圾研发出了一双婴儿尺码的鹿皮鞋，其原理是利用细菌生成纤维状生物皮革，放在鞋型模具中的生长；并用鳄梨种子和靛蓝树叶所制作的染料为鞋子上色，再在鞋子里嵌入胡萝卜种子进行

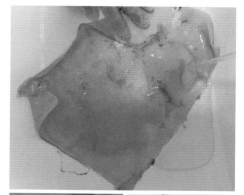
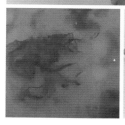

图1-8　红茶菌染色面料

晾干。当鞋子被废弃时，又可以将其埋入土中，成为制作下一双鞋子的原料。

　　而2018年10月，美国材料科学公司PrimaLoft推出了首款完全使用回收材料制成、可自然降解的人造绝缘纤维Primaloft Bio。这种材料通过一年的模拟垃圾掩埋场降解实验，证明了其较普通聚酯纤维所具备的超强可降解性，其研发产品于2020年推出。

　　除此之外，还有利用城市废弃垃圾和衣物给自己做造型的莱尔·雷默（Lyle Reimer）。莱尔·雷默是一位极具潜力和创造力的艺术家，他的化妆风格和搭配给人一种亚历山大麦昆（Alexander McQueen）怪诞美学感。莱尔·雷默将城市中随处可见的垃圾、衣物甚至是旧的内衣运用抽象拼贴的手法实践到艺术妆容的设计中，以不同材料的质感搭配极具个性化的设计，给人以强烈的冲击感和设计感（图1-9）。

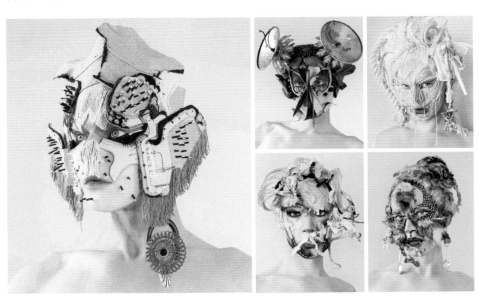

图1-9　加拿大艺术家莱尔·雷默作品

　　马迪·波凡（Matty Bovan）是不折不扣的时装怪才，他是英国约克的新锐设计师和化妆艺术家。他的设计善用编织工艺，运用解构和富有激情的配色去打造由各种垃圾DIY的疯狂而优雅的服饰。他可以将盘子和马桶刷运用到头饰中，打蛋器、鸡毛掸子、废弃塑料等多种废弃垃圾成为他服饰设计中的原材料，成为秀场上亮眼的设计元素（图1-10）。

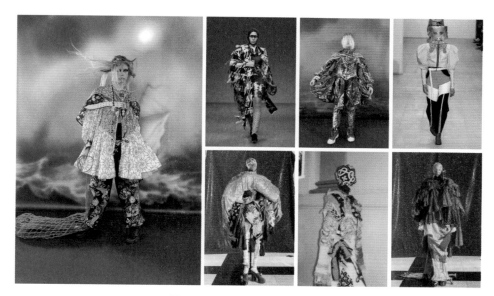

图1-10 马迪·波凡的服装作品

3. 针对户外运动的功能性服装

随着人们生活水平的提高，户外运动已成为丰富人们日常生活的娱乐选择。随着户外运动的发展，人们对户外服装需求逐渐增加。户外运动的服装选择要求具备专业性的功能，如防滑性、防水防风性、耐磨性、舒适性等，以满足户外运动者在相对恶劣环境下的需求。同时，它还要兼具安全性，以便发生危险时方便搜救。加之2022年中国北京冬奥会的举行，我国的户外运动服装产业处于蓬勃发展中。如户外服饰与可穿戴电子设备相结合，中国科学院首席科学家王中林教授提到，可以把自动供电系统直接集成到可穿戴电子系统中，研发出可以在户外运动中直接充电的新型服装材料。

总部位于蒙特利尔的新智能服装公司推出了最新的带传感器的一体式T恤。除了监测穿着者的心率、呼吸和运动外，还安装了蓝牙智能传感器，这样就可以配对穿着者最喜爱的健身应用程序，如MapMyRun、RunKeeper和Strava，以及一系列第三方配件。数据被实时捕获并发送到补充应用程序内，再由应用程序提供有关一系列运动指标的信息，包括睡眠质量、身体的疲劳程度和运动健身的强度及卡路里的消耗等。

成立于瑞士的Osmtex公司披露了叫作Hydro bot的电子控制活性膜的技术。使用这项技术的运动服、工作服和防护服可以像人类出汗一样释放水分，即使在具有挑战性的环境或密集活动中也是如此（图1-11）。

4. 针对弱势群体的功能性服装

关注弱势群体是目前社会各界的共同话题，尤其是对于残疾人、老人和儿童等的关注。"穿"作为日常生活中最为重要的因素之一，更为人性化的功能性设计显得尤为重要。如定位服装是一款针对弱势群体开发的精准定位、防止走失的功能性服饰，是将具备定位功能的设备植入日常穿着的服装中，如GPS芯片等。当发生儿童或者老人丢失的情况时，可以通过蓝牙连接，定位其所处位置，减少人口走失问题。

像第二代猫头鹰智能袜子的功能，使用了脉搏血氧测量技术来监测婴儿的心率，确保他或她的睡眠和呼吸不会被打断。首先，它不会对婴儿的身体产生任何危害，其工作原理也是通过实时的数据传递，将信息反馈到我们的手机或电子设备上，以便我们对宝宝的健康进行检测；其次，该款智能袜子的信息传输速度和距离也进行了升级，其蓝牙覆盖范围可达30米，信息的传输也更为准确。它还将与Owlet的新连接护理平台合作，该平台将帮助使用者识别潜在的健康问题，如睡眠程度和异常、心血管疾病、肺部疾病和支气管炎等身体问题（图1-12）。

图1-11　Hydro bot衣物　　　　　　　图1-12　猫头鹰智能袜子（第二代）

5. 针对医疗保健类的功能性服饰

目前，功能性服饰的研发不仅局限于可佩戴在手腕上用于监测身体健康的智能手表等可穿戴设备，新型的、具备医疗保健及其他新功能的智能服装也已在新型服装产业中崭露头角。基于传统服装制造技术之上，将新型材料、新兴技术应用到服装材料和编织技术中，形成新的功能，如具备健康监测、抗菌防臭、磁疗保健等功效的新型功能性服装，以此提高人们生活品质，改善人们生活质量。像健康监测型服装，往往是通过在服装中植入某些具备检测身体各项指标功能的传感器，通过数据分析对身体状况进行监测和评估。负离子远红外保健功能性服饰，使用了远红外线的频率与细胞的振动频率相一致的原理。当远红外线作用于皮肤时，对于普通的远红外线被人体吸收的最佳波长是9.6纳米，且加入远红外线的波长与负离子元件更适合人体吸收。该款服装能够促进血液加速运动，提高血液循环系统畅通性，增强细胞再生，加速体内有害物质的排泄，并改善细胞的活性。

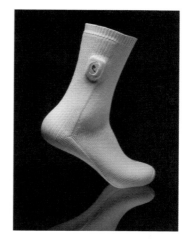

"警笛"的智能袜子被称为"警报糖尿病袜和脚部监控系统"，它使用放置在袜子织物上的小传感器来测量6个不同位置的体表温度。这些数据可以用来检测是否存在导致截肢的溃疡（图1–13）。

图1–13 "警笛"智能袜

动力服装利用了传感器与导电技术，可以在受伤后配合做物理治疗，可以帮助病人的身恢复到最好状态。

第二节 功能性服饰研究目的及意义

一、功能性服饰研究的目的

随着经济的发展、社会的进步，人们对于物质生活的需求日益增加，服装行业顺应历史发展的潮流，迎来了一次科技与时尚的双重考验。高质量、高性能的服装材料和新兴技术不断被应用到功能性服装设计中，服装产业自身的要求也与日俱增。针对服装的功能性研究主要是基于人体工效学的"人—服装—环境"系统进行规律性研究，寻找与人们生活相匹配的最佳形式，为生活提供助力。

在激烈的市场竞争中，功能性服饰需要找到自己的闪光点，增加竞争优势，现在的功能性服饰企业在市场的生存与发展中越发依靠科技性和时尚性等因素，具有科技感和时尚感的功能性服饰应运而生。深入研究功能性服饰的科技性和时尚性等因素，可以发掘与人们日常生活紧密相关的功能性服饰的更多发展领域。但这些还是不够的，当下功能性服饰的发展，不仅要在实用性的基础上，加上科技性和时尚性等因素，还要形成一个多功能性的联动机制，集多重优势于一身。

功能性服饰设计与"人"密切相关，它根植于人们生活的需求，追逐科技发展的步伐，将智能化的技术运用到日常生活中来，它伴随一种新生活方式的到来。虽然目前市场上各种功能性服饰鱼龙混杂，消费者对于功能性服饰的优与劣缺少专业的鉴别眼光，但是只要功能性服饰行业研究形成自己的体系，建设自己的标准化、统一化的鉴别标准，以规范的指标来引导和约束产业的发展，将对功能性服饰产业的长久发展有积极的效果，对增加我国功能性服饰产业的国际竞争力和实现人们生活方式的蜕变也有深远意义。

本书主要从"智"能生活出发，围绕人体工效学的理论方法，建构功能性服饰发展的一套体系，陈述功能性服饰目前发展的现状和问题，梳理其创新设计理念和原则，并阐释其科技性、时尚性和品牌性等功能性特征的设计理念和实践，以及未来发展趋势，希望可以对未来功能性服饰的进一步发展提供一定的理论基础。

二、功能性服饰研究的意义

本书梳理了功能性服饰的发展脉络，对功能性服饰的概念和功能性服饰设计理念等内容进行研究，并对功能性服饰的传统分类进行了细化，将最新的实践案例融合其中，实现功能性服饰理论和实践的统一，更新读者对于功能性服饰的认识范畴。

目前，关于功能性服饰的研究不管在学术领域还是实践阶段都相对缺乏。本书旨在为以后该领域的研究提供一定的理论参考。

本书旨在通过对功能性服饰与科技性、时尚性元素的结合，在理论研究的层面上，分析其服装设计要素未来性的表现。总结概述目前新型面料、新科学手段的开发为功能性服饰的设计、研发和生产带来的创新和提高的条件，并以较新的案例和实践作品为读者提供思路和借鉴，为功能性服饰的设计带来新的方向，为其他形式的服饰研发提借经验。

第三节　功能性服饰研究的方法

1. 文献搜集法

综合国内外各大学术平台，全面搜集与功能性服饰相关的文献资料，如相关学术著作、论文、发布会等，梳理并分析相关背景和基础，确定本书的研究方向和重难点，在了解传统功能性服饰基础上，掌握其创新发展趋势，总结核心特征，并及时掌握最新案例，与理论研究相结合。

2. 观察法

针对特定的含有科技感和时尚元素的服装类品牌或产品进行研究，针对市场策略、产品定位、科技创新等多个维度进行分析观察。

3. 实践与设计法

在四川美术学院成立工作室，研究人员利用3D打印技术等进行实验研究和探索，找到时尚与技术整合的平衡点，获取更加客观和精确的研究数据和结论。在功能性服装的表现中既可以凸显时尚性的元素，又可以以科技手段实现对功能性的表达。

4. 田野调查法

通过观察和市场调研，客观记录服装市场对此类产品的容纳度，获取准确可靠的一手资料，并及时客观地掌握功能性服饰的市场现状，剖析问题。同时，田野调查过程中的所观所感可以激发创作灵感和问题意识，通过切身感受其发展动态，发现其中存在的问题，探索出功能性服饰创新发展的有效模式和途径。

第二章

功能性服饰与人体工效学

第一节　服装人体工效学的研究目标

一、服装人体工效学

人体工效学，又称"人类工效学"，在英国称为"Ergonomics"，可以理解为"力的正常比"；在美国称为"人类因素学"（Human Factors）或"人类因素工程学"（Human Factors Engineering）；在日本称为"人间工学"。对它的研究最初从飞机系统开始的，之后逐步扩展到其他系统及民用系统，经广泛实践积累形成一门独立学科。该学科以心理学、生理学、解剖学、人体测量学等学科为基础，研究如何使"人—机—环境"系统的设计符合人的身体结构和心理特点，以实现人、机、环境之间的最佳匹配，使处于不同条件下的人能有效地、安全地、健康舒适地进行工作与生活的科学❶。"人类工效学"的定义是"以最低的费用，最高的效率为操纵一个系统所应用的人类行动的客观的数量化情报，是为适用于本系统或其他各部分的设计方面为目的的。"其理论体系具有人文科学与技术科学相结合的特点，涉及技术科学与人文科学等诸多相互关联的问题。它需要人类科学和技术科学的共同努力，以促进其进一步发展。

服装人体工程学是一门新兴学科，包括生理和心理两方面的研究。从生理学的角度来看，主要是根据人体的结构尺度找到与设计创作之间的比例关系，了解各类基本参数并在各个领域开展设计实践，以满足人们的物质需求；从心理学的角度来看，主要研究不同的客观因素对人所产生的影响，如颜色、线条、空间、形状、声音、气味、纹理等，这些因素会在各个方面影响人们的情感、行为和意志等。因此，设计师在人体工效学的体系之下，要更多地注重形状、颜色、环境等因素的具体设计，以满足人们的精神需求。

---

❶ 朱祖祥．人类工效学［M］．杭州：浙江教育出版社，1994:4.

产品的设计与生产都以满足人们的多样化需求为目的。而服装是人区别于动物的标志之一，也是与人类生活关系最为密切的产品之一。在人类漫长的进化史和发展史中，人类的装束从最初发现的由骨针缝制的动物皮毛衣服到纺织技术的出现产生的服装；从褒衣博带到西装革履，宛然一部活生生的服装发展史。而在这漫长的发展史中，人们对于服装的穿着行为与意志已经从满足基本的保暖需求提升到注重以人为本和崇尚健康、舒适卫生的标准。服装作为一种与人体最"亲密接触"的产品，在人类的日常生活中扮演着十分重要的角色。目前服装人工工效学主流趋势是倡导"绿色、科技、时尚"为特征的服装产业发展方向。

二、服装人体工效学的实践目标

1. 适合人体需要的第一个标志是舒适和满足

服装的基础功能是保暖和修饰体型，舒适度和满意度是服装所要达到的更高层次，不合理的结构和不匹配的材料、尺寸很难达到这一标准。例如，提倡女式夏装减少腰带的设计，目的是增加空气对流的可能性，使散热和排汗更顺畅；内衣材料以棉纤维与莱卡（Icm）或斯潘德克斯弹性纤维（Spandex）混纺为主，加上抗菌清洁和塑性功能，既能满足对健康卫生的需求，又可以实现美观。

2. 第二标志是有益健康

人体的健康在很大程度上会受到服装的影响。服装的压力不能超过人体的耐受性。紧身牛仔裤、橡皮筋和袜子不适合青少年的生长发育，也不符合卫生学的要求。而要达到健康标准，就必须消除这些有害的健康因素，减少这些损害穿戴者健康的设计，真正使服装在人机工效学的学科体系下将危害降至最低限度。

3. 适合人体需要的安全性

服装有两个级别的安全性，一个是服装必须在非安全环境中发出安全警告，如警察和高架作业工人着装的安全色和反光标识；卡维拉纤维（Kevlar）的防弹内衣适合战场。另一个是生活服装的安全系数要渗透在设计之中。例如，婴儿和幼儿服装不应使用金属拉链；传统雨披的不安全因素尚未解决，其一度被称为"软杀手"。

4. 高效能

适应人体需求和系统优化与衣服的性能密切相关。低成本、高性能和高效率是目前服装市场中的竞争要求。例如，由悉尼创业公司 Wearable X 开发的 Nadi X 瑜伽裤试图解决穿着者在运动时的姿势错误和强度问题，凭借内置的振动触觉，在监测到错误的动作或其他情况时，臀部、膝盖和脚踝处会轻轻振动，检查和纠正瑜伽姿势，感觉就像一个私人教练（图2-1）。该团队使用机器学习来开发手势和纠正措施，通过蓝牙与移动应用程序同步，并通过补充应用程序提供反馈。

图2-1　Nadi X 瑜伽裤

第二节　服装人体工效学的研究对象与系统

一、服装人体工效学的研究对象

服装人体工效学的研究对象是"人—服装—环境"系统。该系统中的人、服装和环境可以是自为系统的，每个都有自己的体系，包括这种或那种子系统。例如，系统中的人有生理因素，如体型、肤色、性别等；也有心理需求、社会关系、气质和举止等因素。所有这些都具有形成子系统的条件，人类是由许多子系统组成的复杂系统。服装也包括不同的系统，从纤维到材料以及许多环节，如编织、染色等，还包括服装制造者和消费者的心理等。在"人—服装—环境"系统中，子系统中通常只有一个下属系统或一些组件彼此直接相关。这些直接连接、限制、影响和发挥作用的部分被称为界面（图2-2）。

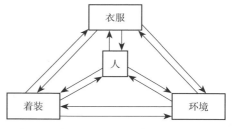

图2-2 "人—服装—环境"界面结构模式

二、服装人体工效学的系统界面

"人—服装—环境"系统主要着落在直接与人发生相互作用的界面，参照人体工效学观点所建构的界面关系结构能说明这些关系。这个关系表示以下内容：① 人是系统的主宰者，处于系统中心，服装与环境的设计都要考虑人的因素，服从人的需求；②"人—服装—环境"系统的构成包含人、衣服、着装、环境四部分；③ 系统中包含着三类界面关系：第一类是直接与人构成的界面，即人与衣服界面、人与着装界面、人与环境界面；第二类是衣服、着装、环境三者之间界面，即衣服与着装界面、衣服与环境界面、着装与环境界面，这一类界面对人的作用较为间接；第三类界面是系统组成的内部界面关系，体现为衣服与衣服界面、着装与着装界面、环境与环境界面、人与人界面。服装人体工效学主要研究第一、二类界面关系。

服装人体工效学的设计是要求服装从适应人体不同要求的角度出发创作（设计与制造），将与人体相关的各方面信息与参数运用到服装设计中去，使设计能够最大限度地适合人体需要。为了实现舒适性和卫生，并达到数据科学化、系统化方向的最佳状态，为人们设计出更具功能性的服装，以满足要求，在"人—服装—环境"这个系统中，人们总是处于中心地位。而在设计功能性服装的过程中，时装设计师不应该只注重功能性的设计，也要注重人体工效学与时尚设计的有效整合，更要注重服装的机能与工效，以体现服装整体的合理性与科学性，使功能性服装集安全性、健康舒适性、功能性、美观性和个人特点于一体，最大限度地满足人们的需要。

1. 人与衣服界面

与人发生关系的衣服（成衣）在决策、设计、制造中首先考虑人的因素，匹配人的身心特征，并通过服装释放人的精神气质，满足身体对于舒适性和卫生方便的需求。如泳衣的设计，应设计成适应四肢大幅运动的款式，否则，人和服装之间不能达到和谐。生活中许多令人不满意的服装设计是由服装界面的设计与身体和心理之间的不匹配引起的。例如，没有烫洗的棉纤维衬衫，每次洗涤后形成的皱纹会很难处理。而熨烫则会增加很多额外工作，皱纹也会影响穿着者的心情。许多人与服装系统中的衣服制造者在制造过程中也许尽心尽力，但对人在穿着其生产的衣服时会发生什么问题却考虑较少，人与衣服的界面提出这个必须重视的问题。

2. 人与着装界面

着装与衣服的区别在于前者与人有关系，而衣服只是一种物品。在人与衣服系统中，除了依赖衣服的界面外，人们还必须依靠着装界面，即设计师和穿着者必须了解服装行为规则，包括方式选择、组合、配置、增加缩小、对比、协调等装扮界面。对于设计师来说，线条、颜色和材料必须符合人的着装要求；对于穿着者，则必须注意其性格、品位、职业、年龄与服装的匹配度，而不是盲目地追求时尚的潮流，选择不适合自己的服装，导致穿着的实际效果不能符合自己的体型、气质、肤色和社会身份等。人与服装界面之间的关系要求设计师（创作者）考虑穿戴者的身份、经历、文化背景、生活习惯等因素，使着装界面达到最佳效果。

3. 人与环境界面

服装人体工效学中的环境指服装情景与一定历史时期服装业态及文化状态的总和，体现在人与服装关系上，即所谓的小环境与大环境的两方面。任何人和服装系统都处于明确的环境中，他们的关系和有效性不受环境因素的影响。与服装本身相比，人们更容易受到环境因素的影响。人与服装的系统常常受到物理与生物环境因素以及社会性环境因素的影响。

物理和生物环境因素包括温度、湿度、辐射、噪声、污染、各种化学元素、寄生虫、细菌、霉菌和病毒等。对待环境因素的一种方法是通过人为的防御式界面抵御有害的环境因素，如选择抗菌功能的材料作为内衣的面料，银色的面料可以阻挡紫外线的辐射，选择一次性的纸质内裤既便捷又可以防治污染，日常骑行戴头盔可以防止头部撞伤，防水涂层做成的风衣能广泛适应野外旅游的温差与气候多变；另一种方法是改变环境因素和适应环境的人，如我们可以设计一个系统，以恒温空调控制室内温度和湿度，使人和服装处在一个稳定的状态。在人与环境的界面上，无论环境多么的人性化，人为因素都会起着主导作用。例如，穿着者在室温21℃的办公室穿着西装，但从事一定的体力运动，在服装和环境条件都没有改变的情况下，穿着者会感觉很热。此时，可以通过人为地减少衣服来调节体温。因此可以看到人为因素是人与环境界面的领导者。

4. 人与人界面

在"人—服装—环境"系统内，人作为主宰者和控制者，不仅与服装、环境进行互动，还与不同地位、不同角色的人发生相互作用，这个作用可分纵向与横向两个界面：① 纵向界面，如服装设计师的设计成效不仅依赖于他（她）的设计方案，并且需要与服装面料制造者、服装制作工艺师，乃至营销策划人员协调配合，任何受市场青睐的服装都在很大程度上取决于人与人界面关系的协调；② 横向界面，就服装设计师群体而言，不同地域、不同类型产品、不同文化修养、不同爱好的设计师，也会在风格与效能上体现出不同的人与人界面关系。因而，从人体工效学的角度来看，"人—服装—环境"系统中的人，"不可把它看作只是物质的人，必须同时看到它是社会的人"。

第三节　功能性服饰与服装人体工效学的关系

功能性服饰与服装人体工效学密不可分，相互支撑。一方面，在功能性服饰的应用中，由于特定场合与功能的限定，需要更加严密细致的服装人体工效学的相关数据支持；另一方面，功能性服饰的进步与细化也为服装人体工效学的发展起到了极大的促进作用。

为了使功能性服饰发挥理想的特殊功能，设计必须基于不同类型的功能性服饰的人体工效学原理和功能。完全考虑人体工效学原理和相应的规则，使一个人和一个环境系统的服装能够达到最佳的巧合状态，以最大限度地满足人们的需求。

根据功能性服饰与服装人体工效学的关系，设计中，主要与以下几种息息相关：防护型服装设计、舒适型服装设计、调整型服装设计、功能性服装设计。

1. 防护型服装设计

防护服是工人用来适应特定工作空间的防护型工作服。"3P"原则构成其设计与制作的具体内容，即"保护"，设计防护型服装的首要原则是具备保护的功能和形式，使服装在特殊环境中可以保护人体的安全舒适。由此可见，人体工效学的三大系统在互相关联和各方因素的匹配下，才能反映出防护服的人体工效学价值和功能性。

（1）防护服的设计与制作往往需要满足4个方面的要求。

第一，安全性。在特殊或恶劣环境中，使服装能够保护人体不受外界的各种影响和侵袭，并具备一定的安全警示作用，如反光条的设计等。

第二，机械性。满足人体工效学与服装之间的关联，在结构设计上实现人性化，既要实现防护服的功能性，又要防止防护服对人体运动所产生的阻力等，实现穿着便利、方便活动的要求。

第三，舒适性。防护服因其材料的特殊性，往往需要考虑舒适性的问题。防护服需要具有保温、防寒等功能，一般情况下，对于防护服内部温度的要求在20~25℃，对于湿度的要求在40%~60%，这样可以带给穿着者舒适感。

第四，管理性。在同一工作空间中，服装的形状、颜色和职业标识的统一性，使得每件防护服具有职业标志的象征意义。例如，"白大褂"是为人们所熟知的医学标识。另外，一般防护服和特殊防护服在款式结构和功能定位方面有不同的要求。机械操作防护服，要"三紧"（袖口、衣服下摆、颈部收紧）款式，面料要具有耐磨性；医疗、电子操作环境下所使用的防护服应使用经过抗菌消毒处理的面料；电焊机操作人员的防护服必须具有阻燃性和透气性；卫生清扫人员的防护服必须由防水面料制成，需要具有很强的防水性等。

（2）防护型服装应遵循以下设计依据。

第一，生理测量值。生理测量值表现为服装设计所必需的人体生理尺寸、服装功能尺寸和人体生理属性等综合参数的测量。人体生理尺寸包括人体的静态尺寸（人体结构的大小）和动态尺寸（人体功能的大小），这是设计防护服所必需的主要数据和所要掌握的内部结构。在此基础上，为了实现某种功能，防护服的尺寸根据造型结构来设定，分为最小和最佳两种功能尺寸，并且后者对于防护服的设计尤其关键。如高空清洁工需要做出登、爬、蹲等动作，则需要调整相应的设计，并且不允许有带盖子的口袋以防止其钩住。此外，通过必要的体温、出汗、皮肤感觉和人体的其他生理特性的测量，可以为设计师选择材料和建立防护服的局部结构提供基础，对人体生理缺陷进行服装上的补充、修正和调整。这也是防护服科学设计和性能优化的重要组成部分。

第二，防护性质。防护服对火、油、水、有毒物质、腐蚀物、静电的防御要求不同，服装防护性质也不相同，而且有的性质截然相反。如防火与防水、防酸与防碱，其服装在材料选择上完全不同。

第三，环境条件。服装人体工效学认为，影响人和服装系统的环境因素有两大类：物化与生物环境因素以及社会性环境因素。在防护服的设计过程中，通过构造人为的防御界面，以克服温度、湿度、辐射、污染、各种化学物质、细菌及病毒等物化与生物环境因素带来的侵袭，是设计师着重考虑的问题。同时，综合考虑工作空间的气候特点也十分必要。因为即使作业内容相同，处于不同的气候环境时对服装的要求也不一样。此外，设计者对职业防护服装的心理空间也应做适当考虑。

2. 舒适型服装设计

随着人们生活水平的提高和新面料的不断研发，功能型服装越来越受欢迎，而舒适性在服装设计与功能性的表现中也越来越重要。舒适型服装应严格依据人体工效学中的材料卫生学（涉及服装材料的吸湿吸水性、透湿透水性和保暖性）进行设计，从而最大限度地满足消费者对舒适性的需要。

（1）吸湿吸水性。

人体每天都会蒸发大量的水分，因此身体所用的织物必须由具备吸水性的材料制成。当人体出汗时，紧密的织物及时吸收水分并向外扩散，能够起到调节人体温度的作用。但是，吸水性过强的织物会导致衣物重量增加，氧气含量降低，透气性降低，导热性增加，使皮肤产生不适感。在潮湿的气候（雾、雨、雪）环境中，湿度会改变服装的微气候，也会使身体感觉不好。因此，对织物吸湿的要求应该适度，而内衣相对于其他类型的衣服则更需要良好的吸湿性。根据这一原理，在设计舒适的内衣时，设计师最好使用针织经编材料，外衣材料结构则以合成纤维梭织物较好。

（2）透湿透气性。

透湿性是吸湿的逆过程，也是评价服装性能的重要因素。服装的透湿性差会使衣物过湿，妨碍水分蒸发，且温度调节不均匀，使人体感觉不舒服。透湿性受厚度、气孔量、纱线加工等因素的影响很大。水分的渗透性和织物的渗透性对人体的舒适性和卫生性有很大影响。当衣服中二氧化碳的含量超过0.08%并且湿度超过60%时，就会产生热感。人体皮肤和衣服的最内层之间的气候下，维持舒适度的指标为湿度50%左右，气流流速在每秒25厘米左右。最佳的透湿性和透气性可防止废物积聚在衣服中。因此，要改善高温时人体的闷热感觉和体表卫生，所设计和制作的服装必须是可透过水分和具备透气设计的衣服，以便湿气和碎屑可以及时排出，保持人体微气候环境的平衡。

（3）保暖性。

织物的热量不仅受通风和热传导的影响，还受热辐射的反射、吸收以及织物结构的影响。织物含有的静止空气越多，保湿性越好，织物中空气流动越快，保暖性越差。例如，缎纹织物比斜纹织物具有更高的空气含量，斜纹织物具有比平纹织物更高的空气含量，因此缎纹的保温性是三者中最好的。在同一组织中，容易起毛的织物的保暖性大于不起毛的织物。同时，对于相同的材料，厚度与保温性成正比。当织物靠近皮肤时，空气层的厚度为零并且保温最小。层层叠加在人体上之后，保温性能增加，但厚度受到限制，当厚度超过15厘米后，服装的保温效果明显降低。

（4）安全性。

在生活中，人们推崇的免洗可穿、免烫型等服装都是在服装整理过程中使用了化学添加剂，从而使服装不易产生折痕而永久免烫，但这些化学添加剂一旦与汗液接触，其中的甲醛成分就可能游离于纤维而刺激皮肤，根据测试，含有0.05%游离甲醛就会使穿着者，尤其是过敏性皮肤的人，产生皮肤炎症。因此，免烫型服装设计时也要选择符合卫生要求的免烫型面料。

3. 调整型服装设计

根据人体工效学原理，调整型服装的设计应着眼于服装的整体设计要求，考虑调整功能的设计。在调整服装而不是使人适合服装的前提下，设计师应注意人体着衣后服装作用于人体表面所产生的力度，在不影响健康的前提下对人体形态进行辅助调整。由于服装款式和材料等不同因素，应用在人体上的压力值也不同。如悬吊服装压力大于裹缠，机织材料服装压力大于针织材料，夹层结构服装压大于单层结构。

4. 功能型服装设计

随着现代科技的发展，人们（消费者）产生了越来越多的新需求，并在市场的润滑下，不断产生新的功能型服装，代表产品有以下几种：

自洁免洗服装曾被认为是科幻电影中的桥段。而今随着科技的进步，这一设想已成为现实。来自美国硅谷的创业团队研发出了具备抗污、防臭、免洗自洁、节能环保的牛仔面料。这款牛仔面料可以防止水、咖啡、红酒，甚至番茄酱等水性或油性污渍的侵袭，而且质感轻盈透气，四季可穿，还具备自动清洁功能。研究人员主要是将纯银丝聚合物加入牛仔面料的纤维中去，使其释放出银离子来进行清洁和除臭；还有些自清洁面料是在传统纺织面料中加入二氧化钛微粒制成的。这种面料可以利用阳光的催化作用，使化学微粒产生作用，以此来催化织物表面的油污、有害微生物等；与此同时，中国科学家还使用了一种高分子量聚乙烯醇为原料，以此创建出具有超疏水性的纳米纤维。该纤维具有不沾水、油脂和其他污染物的功能，极大地方便了人们的生活，非常环保。

隐身衣往往被认为是具有隐形功能的服装。它可以避开肉眼、雷达等观察。2012年12月初，加拿大Hyperstealth生物技术公司的量子隐形衣研发成功。该服装主要运用特殊的"量子隐形"材料折射所处环境周围的光线来实现"完全隐形"。该款隐形衣被应用于战争中，可以助力战士通过隐形来完成隐蔽作战任务（图2-3）。

图2-3 隐形服装

第三章

功能性服饰的创新设计理念

功能性服饰的创新设计理念基于传统服饰的设计原则和设计元素之上，既不是对传统设计理念的照搬，也不完全是设计师的主观创作和自我表述。其创新设计理念是将材料、色彩、款式和功能等多重要素考虑在内，并遵循实用性、审美性和系统性原则进行的。

第一节　功能性服饰的设计原则

功能性服饰的设计原则主要从实用性、审美性和系统性三方面进行论述，探讨各要素在设计中的表达。

一、实用性原则

纵观服装发展史，实用性原则一直是服装功能研发的根本，服装作为日常必需品之一，人们对其功能性的需求越来越高，追求服饰的时尚性已经不是唯一的服装消费需求，人们更多地关注服饰为生活带来的实用性。功能性服饰的实用性原则重在解决人们日常生活中出现的各种不便和阻碍，提高生活效率。以人体工效学为设计基础，在"人—服装—环境"的系统中，综合考虑消费者的心理特征和身体特征，基于消费者不同要求为出发点，结合材料、色彩和样式等设计要素，围绕功能性服饰的设计，以满足人体的需要，最大限度地实现设计与生活之间的完美匹配。

在前一章节中曾提到功能性服饰与人体工效学的关系，因此在本章对于设计的实用性原则与人体工效学的关系仅做简单概述。

服装人体工效学设计主要对人体的形态和生理功能进行研究。通过人体测量中对人体结构和身体表面特性的研究，掌握服装的比例关系和人体结构的基本参数。同时，需要将设计与人的体表形态、生理和心理功能等有效结合，分析不同生理机能特征。基于不同组的数据和特征，设计出满足主体需求的定向服装，以提高服装设计的实用性。从心理功能的角度来看，服装的颜色、质地和形状等客观因素也会影响消费者的情绪和行为。

材料为功能性服饰设计中实用性原则的发挥提供一定的空间，设计师通过对材料性能的掌握，选择适合的材料来表达自己的设计理念，满足客户的实际需求。同时，实用性原则也为材料的创新提出新的要求。

设计师对材料的选择必须基于对材料性能和特征的了解，并匹配不同主体的设计需求进行搭配。现阶段的功能性材料主要包括安全反光材料、压电纤维、智能抗菌纤维、光学纤维面料、D3O凝胶、调温纤维等特殊功能性材料，以及远红外线保健材料等，设计师可以根据不同材料的特性应用于人体不同部位，从而满足不同主体的需求。随着科技水平的不断发展和材料的不断创新，新型材料会如雨后春笋般成长起来，而每一款材料的创新都将对功能性服饰发展产生巨大影响。因此，也正是材料的不断更新才使得功能性服饰的实用性原则不断被满足和发展。

但从另一方面来看，当设计思维高于材料现有特性时，现有材料反而会制约当下服装设计的表现。因此，功能性服装设计的实用性原则与材料两者相互影响，实用性原则为材料提出要求，材料为实用性原则的表现提供空间。

例如，ECCO制革厂发明了第一个与迪尼玛（Dyneema）纤维（一种被广泛认为是世界上最强纤维的化合物）结合在一起的皮革，有可能在皮革制品领域发生范式转变。该公司报告说，原型Dyneema皮革帆布提供了相同的结构强度11磅的周末袋，而重量只有200克。迪尼玛纤维已经被用于防弹装甲、拖绳和防碰撞摩托车服装（图3-1）。

高科技材料的创新就是基于功能性服饰的需求而产生的新材料。今天的高科技新材料使服装实现智能化，增进了着装者适应自然环境的能力，并可提供一定的"服务"，

图3-1 ECCO公司制作的防弹皮革

使其与人的关系更加密不可分，由此拓展了服装"穿着"功能的新领域，提高了人们的生活品质，让我们重新审视服装以人为本的全新内涵。智能服装的新材料可以自动响应人体或环境的变化，体现数字化、智能化、人性化、生活化和便携化。例如，当环境发生变化，智能纤维面料将随之改变其形状、颜色、温度或某些特性，或可以由于某种"刺激"而改变其性能。目前，智能化主要体现在自动控制温度、形状记忆、随环境温度或光强度变色以及监测心脏速率、血压、体温等的变化。

举例来说，对于老年服饰的设计基于其人体形态和生理机能，越来越多地融入新型材料。步入老年后，人体的骨骼、肌肉、皮肤等都会发生明显变化。老年人的身体协调能力和行动能力都会降低甚至不协调，在运动中他们的骨骼变得异常脆弱，很容易发生骨折等情况。同时，他们的肌肉会出现收缩，皮肤也更加敏感，对于服装材料的选择要求也更高。因此，服装的舒适性和安全性是老年人服装设计实用原则中材料选择的主要考虑因素。光纤 Outlast 是一种新型的"智能"光纤，它根据相变的原理开发出温度调节，也是"调节空气纤维"的关键技术。即纤维内嵌有微胶囊包裹的热敏材料，具有吸收、存储和释放热量的功能，调整温度以在衣服的"微气候"中使身体保持舒适的体温。因此，"空调纤维"面料可以变成温暖的冬季服装和凉爽的夏季服装，以满足老年人适应温度变化的需要。

服装设计中色彩的选择不仅仅是一种单纯的视觉感受，不同色彩具备着不同的情感和功能，也是实现实用性原则的有效途径之一。

不同的色彩具备不同的功能：① 心理暗示性：当人们看到红色、橙色等暖色系的颜色时，会产生温暖、热烈等感觉，使人产生冲动感；蓝色、紫色等冷色系时，则容易使人安静、产生理智的感觉；② 环境适应性功能：如迷彩服的设计就是为了帮助战士在作战时更好地隐藏自己；③ 文化象征性：这也是服装设计中常用的色彩表达功能性之一，如在历史传统中，黄色一向象征着皇家独享，红色象征吉祥喜庆的含义；④ 调节生理应激功能：这主要运用一些物理原理，如浅色反射散热、深色吸温等属性，实现服装隔热防寒等功能等。因此，在功能性服饰的实用性设计原则中，只有充分认识到服饰的特性，才能在设计中更好地运用色彩。

二、审美性原则

审美性原则是服装设计与日常穿着的重要内容，它不仅体现在设计师的设计创意中，也体现在消费群体的需求上。服装设计要兼顾审美性原则，功能性服饰同样如此。

传统材料的局限性限制了设计师在设计中对审美性的表达，设计师们开始寻求新的视觉突破，不断扩大材料范围，并努力创造迎合时代潮流的作品。通过开发服装传统用料范围外的反传统材料，结合现代艺术的手法，大胆地使用创新型材料和设计视角，极大地提升了服饰的艺术价值。服饰材料和审美性的不断提高，把握消费者的眼球，为他们带来新的感官享受和体验。

扎染、蜡染是我国流行非常广泛的传统民间手工印染工艺，也被时尚界广泛地运用到服装面料的二次创造中来。扎染、蜡染无论是色彩的撞击，还是绚烂多彩的花纹、风格路线的多变，彻底颠覆了平面面料一成不变的单调沉闷之气，让人感受到服装多样性的存在，这使扎染面料悄然走俏。对于传统的扎染蜡染被时尚化的趋势，促进了传统手工艺与现代设计理念相融合，催生了扎染"现代"风格的建立。无论是诸多国际时装秀场，还是各种时尚服装媒体或拥有大量订单的纺织和服装销售巨头中间，我们均可嗅到流行的新趋势：现代染色工艺以其独特的魅力和日趋成熟的专业标准，逐渐被西方休闲服装的主流所接受，并已成为一种日益流行的趋势。

色彩对人产生的影响由表及里，除了实用属性外，它还可以通过感官体验和心理信号影响使用者。在创造服装色彩氛围的过程中，不仅要了解色彩搭配的美学规律，还要通过激发关联的想象力和魅力来提高服装的整体效果，满足使用者的心理需求和审美需求，体现出功能性服装所表现出的人文情怀。

中佛罗里达大学（UCF）光学和光子学教授艾曼·阿布拉迪（Ayman Abouraddy）博士研出了可以手机遥控服装的控色布料，这项技术使用了一系列编织在衣服上的微型电线，还有一个电池组。当电流通过电线时，螺纹的温度会逐渐升高。因此，线上的特殊颜料可以改变它们的颜色。这一新技术不同于以前市场上其他依赖发光二极管（LED）的"变色"面料。除了控制织物的颜色外，用户还可以通过智能手机改变织物上的图案。例如，用户可以通过在智能手机或电脑上按下"条纹"按钮，逐渐将蓝色条纹添加到实色手提包中。到目前为止，该大学的团队正在与合作者一起生产这些产品。希尔斯公司的团队正在致力于开发更薄的面料，可应用于服装，如T恤衫。在未来，研究人员认为这种变色织物可以在医学和军事上得到应用（图3-2）。

图3-2 控色布料

基于美学设计原理，款式新颖的设计让人们拥有跟随潮流时尚的感觉，在舒适性的基础上增加了时尚性，体现出服装的美。根据基本的人体工效学特征，穿着者的身体和使用位置是要考虑的主要因素，并且服装必须在美学上达到令人愉悦和美观的标准，并努力提升服装的品质。

三、系统性原则

在满足实用性和美学性原则的前提下，服装设计也需要注意服装的完整性，即服装作为一个系统来优化系统的总体目标和协调子系统之间的关系，使系统完整和平衡。这就是所谓的系统性原则。

随着时代的更新，服装在材料方面有着各式各样的选择。现代的功能性服装在注重面料材质的优化方面也不能忽略服装所具有的以人为本的属性，无论所选材料多少好，多么炫酷，它的实质依然依附于服装，而服装又依附物主，对于我们来说，也就是人。任何的功能性服装在制作和选择材料的时候都应该考虑使用者的感受，服装的设计要具有整体性和一致性，它首先应该实用，其次才应该考虑外在属性，因此，材料在服装设计上应放在后面。

审美作为服装设计中非常重要的要素，通常会被设计师优先考虑，有人说，衣服的格调高低就看服装的设计和色彩的搭配，此话不错，但决定衣服优良的关键因素通常要看的还是使用者。为什么有一些衣服在橱窗里看着好看，但人穿上却不适用。这一相似的例子在服装秀就很常见，那些模特穿着的衣服，每一件都光鲜亮丽，但当你真正去触碰它或询问模特穿上这件衣服的感受时，通常不会得到赞美的回应，问题出在哪里？通常来讲，是服装的系统性不完整所造成的问题，简言之，就是服装的设计过于侧重一方而忽略了另一方，服装的整体设计未达到平衡，给人带来了不愉悦感。因此，服装设计无论在审美方面还是实用方面都应该趋于平衡，功能性服装亦是如此。

例如，加拿大公司OMsignal推出的OMbra运动内衣，可以记录跑步距离、呼吸频率和心率，并结合OMsignal OMrun健身平台，使用人工智能对服装传感器收集的信息进行深入分析。这款内衣一方面解决了个人健身信息获取的功能性问题；另外，美观时尚的外观也十分契合健身内衣的想象定位，较好地进行系统化的平衡（图3-3）。

图3-3　OMbra运动内衣

第二节　功能性服饰的设计定位

目前，功能性服饰的设计主要是针对年轻消费者、弱势群体、高位工作者等几个群体。如集中在户外休闲及运动服装领域的设计定为主要注重材料和舒适性和运动的方便特点，以便创造一个更加宽松、舒适、自然的户外运动体验；面向以老年人为例的弱势群体的功能性服饰主要为了改善其生活质量、丰富他们的生活并补足服装领域的设计空缺。

功能性服饰设计中定位的概念遵循杰克·特劳特（定位之父）的定位理论：是指使产品在预期客户的头脑里占据一个有利位置的动态过程。该理论强调从消费者的角度思考，而不是从专业或产品的角度思考。任何定位的前提条件是对预期客户和市场做一个完善的调查，基于对市场的认识、自身产品优势的把握以及对竞争对手优势和劣势的分析，从中找出自身产品在预期客户心中的位置，加以利用，提出有力的定位，方能使产品的发展有一个顺畅的开端。以老年群体为例，功能性服饰设计应针对老年人生理功能、心理功能等多方面因素来分析，建立有效的设计定位，并通过了解他们的感受制订战略。老年人退休后，社会角色已经改变并发生心理变化。此外，生理机能的衰退削弱了他们适应环境的能力。在生活中，许多不便会影响他们的日常活动。随着年老后由身体强壮到体弱多病的转变，甚至有些老年人还需要其家人来协助日常活动，使老年人的心理正在逐渐老化，并且容易产生寂寞、焦虑、劣质和负面情绪等。

在市场调研方面，应对现存的功能性服饰的设计种类进行一个完善的调查，并针对其相应的使用群体和购买数量、购买原因进行一个数据统计，以此建立一个关于功能性服饰设计的大致数据库，依据这个数据，从相对占比数量少的设计方向入手，结合自身产品的应有属性和消费者的潜在需求，从中找出突破口，拟定功能性服饰的初步设计定位。在这之后，应对自身的产品特性进行深入了解和评估，以面对预期客户的消费需求，其中，功能性服饰的产品特性包括款式与结构、材料、色彩等服装设计的基本要素。

以智能服饰为例，其初衷是为了给人们带来更好的穿着体验。智能设计涉及提高服装安全设计中网络技术的接受度。因此，在设计时尚的安全服装时，要体现出时尚元素。在保证美观和舒适的基础上，根据人体工效学考虑服装的美观。基于智能服装是网络技术中一种新型的安全服装类别。在样式设计过程中，设计师应该着重从网络元件包装材质出发并进行局部设计，以确保功能的正常使用。至此，在对智能服饰特性的认知基础上，依照智能服饰极佳的体验属性，可以结合老年人自强自立、追求美好生活的心理，针对老年人市场，建立一个以"使老年人感受快乐的智能服饰"的设计定位，而后，在智能服饰的整体设计上再加强对于美感的表现和对人体的舒适度把控，一个既具时尚美感又可以发挥智能应用的功能性服饰就能显现在我们眼前。老龄化极为严重的日本在推广老龄化时代的特殊工作服装——机械外骨骼，该款服装是以人体骨骼为模型进行设计的骨骼框架，内置传感器，在穿着者进行核心运动时，提供辅助力量。它由日本外骨骼制造商 Atoun 制造发售，并广受好评，成功地解决了老年群体的问题（图 3-4）。而

Seismic公司也专门为老年人设计了"超级套装",它集舒适性和审美性为一体,以"电动肌肉"的设计来配合老人的行动,模仿老人的肌肉运动,增强使用者的力量(图3-5)。

在对市场、预期客户、自身产品特性进行调查和深入了解之后,接下来应该对竞争对手做一个调查。首先,关于功能性服饰,应对市场上发售的有关于

图3-4　ATOUN MODEL A及其运作原理图

功能性服饰的品牌和产品进行一个调查分析,通过网络或实体调研得到竞争对手产品的特性、价位、吸引点和营销方式,然后选出其中与自身产品最具竞争的产品对手,根据自身产品的优势和竞争对手产品的特性一一对比,找出自身产品的独特优势。在确立了自身产品独特的优势之后,就应该结合之前所调查的市场状况和预期客户的内在特征、潜在需求,尽可能地找出预期客户与自身产品最具关联性的点,这之后只需要对预期客户的动向多加注意,抓住他们的购买习惯和购买喜好,加之一个完善的营销策略,推动定位的开展和产品的宣传推行即可。

图3-5　Seismic超级套装

第三章　功能性服饰的创新设计理念

第三节　功能性服饰的设计心理

　　功能性服饰的设计在确立定位并满足设计原则的情况下，可以向更高的位面深入发展，在此需要被提及的即是"设计心理"。"设计心理"又名"设计心理学"，是建立在心理学基础上，把人的心理状态和需求心理作为对象，通过意识作用于设计的一门学问。作为设计师必备的一门学科知识，设计心理在设计上的运用能反映和满足人的内心需求和欲望，并能突显出设计师以人为本的思想。为了向民众更好地传达功能性服饰"服务于民"的思想，设计师可以在设计之时考虑加入一些设计心理的要素来让设计理念获得提升。

　　基于对服装设计的研究，功能性服饰的设计心理可以大致从以下两个方面进行探究：浅层心理与深层心理。

　　浅层心理主要针对环境事实的客观反映，我们称为"感觉"，带有一定程度的主观意识和主观理解的心理反应则是"知觉"。"知觉"也可以理解为一种"知觉经验"，即是人受外物刺激所产生的一种感知反应。对于服装设计来讲，一个典型的例子便是人们会因一个人穿着风格的改变而对其的认知产生变化，尽管这个人的行为和思想没有发生变化，这就是知觉心理对服装所产生的效应。

　　知觉心理学包括许多因素，如相关性、选择性、正直性、组织性和整体性等。以人们对服装知觉心理相对性的看法为例，知觉心理相对性是指具备相对性质的两因素同时或先后出现，因其明显的差异或刺激所引起的明显知觉差异。例如，两个人穿着黑色和白色服装并列在一起，就会使两种颜色的对比更加强烈。相同原理，同一件裙子穿在胖者与瘦者两者间的效果也完全不同，观者会认为胖者更胖，瘦者更瘦。为了满足人们追求美好的愿望和倡导"设计服务于民众"的理念，这一类型的功能性服饰的设计可以利用知觉心理所具备的原理，让知觉以设计的形式表现人的内心需求，用心理学的角度深化受众对于功能性服饰的认可，可以让设计的理念更上一层楼。

　　在心理学方面，知觉包含空间视知觉、空间听知觉、时间知觉、移动知觉、错觉等多个因素，而视错觉则是其中与设计美学关联最紧密的部分。所谓的视错觉是指凭眼睛所见而构成失真的或扭曲事实的知觉经验，也是维持观察者不变的心理倾向。知觉中的错觉现象帮助我们修正人体形态，使人的形体呈现胖、瘦、高、矮等不同形态。而这些心理学的原理已经被广泛地应用于设计师和消费者的视野之中，积累视觉的经验，将出现于服装、色彩、款式中的视错觉进行合理的运用，它既可以辅助设计师进行设计，又可以帮助消费者选择适合的服装。

如果说浅层心理主要针对生理方面，那深层心理便针对的是更高的精神诉求，即情感性，设计心理会深入影响消费者心理变化的走向。对于设计心理在功能性服饰的运用，也是情感和归属的需要。人不是孤独的，需要寻找朋友、对手，甚至敌人，总之要与其他人进行联系。服装也是一样的，和人存在一个统一的系统下，便会存在信息交换过程，以及各类的交互场景，让用户在一个舒适、理想的环境下进行活动。

理想状态下的情感互动，类似漫威电影中的钢铁侠所穿的"战衣"，很多读者对此印象深刻，钢铁侠的智能管家贾维斯（Jarvis），任何指令和要求都可以语音互动，甚至心意相通。现实生活中，智能化的服饰正朝着多元化的方向发展，而电子元件载体的方式是重要一环，现在已经有了初步的互动智能技术，且主要集中在家居领域。国内的小米、腾讯、阿里巴巴等科技巨头企业和海尔、美的、格力等传统行业都相继加入研发阵营，技术也在不断成熟（图3-6）。相信在不久的未来，我们身上真的可以穿上钢铁侠的战衣，同样有一个智能系统与我们自由对话。

图3-6　小米智能家居

第四章

功能性服饰的科技性探究

《释名·释衣服》记"凡服上曰衣。衣，依也，人所依以避寒暑也。下曰裳。裳，障也，所以自障蔽也。"《礼记·深衣》载"名曰深衣者，谓连衣裳而纯之以采也。"对于服饰的记载，自古就有之，服装可以被称为人类文明的"见证者"。它见证了人类从坦诚相待到以植物作为衣裳遮盖，再到以兽皮、麻布为衣，发展至最后的锦衣华服。服饰的款型、色彩、质料以及加工手艺，与当时社会的生产力息息相关。且服饰作为特殊的文明见证者，拥有文明局限性，将所见证的文化和风俗深深印刻在服饰变迁的历史中。

服饰在满足人们遮风挡雨的日常需求的同时，融合了各个时代的审美、历史变迁、文化倾向、科技进步和经济基础等。或威严庄重，或丰满华丽，或敦厚繁丽，或粗犷豪放，无不展现了各个时代的审美情趣倾向和服饰风格。诚然，这个服饰风格的进步或者改变，均依赖于科技和生产力的进步。

玛里林·霍恩在《服饰：人的第二皮肤》书里提道："服饰具有向他人传达个人社会地位、职业、角色、自信心以及其他个性特征等印象的功能。"像玛里林·霍恩说的那样，服装发展到现今，早已摆脱了遮风挡雨的原始功能，服饰更多的是作为一种象征符号，向人们传达在社会中的个人社会地位、职业和品位等信息，服饰的功能性越来越被强调，具备各种功能性的服饰将进入快速发展的阶段。未来，功能性服饰将更加多元化，多功能型的服饰将为人们提供更为健康舒适的生活方式。

这一切的转变，都得益于科技的进步、生产力的发展。服饰不仅作为象征符号，服饰的用途也不断被开发，不同用途的服饰对应不同的功能性服饰。自20世纪80年代始，服装的功能性被凸显，有各种保健服饰、安全服饰或卫生服饰等类型的功能性服饰，按摩服、杀菌服、反光服和自动调温衣等概念型服饰也不断涌现。与请明星代言或者广告营销等手段不同，功能性服装以自带的"科技性""高科技"等标签作为噱头，使服饰本身自带话题性。虽然也会引起市场对于此种服饰的热议，但热度褪去，消费者更在乎的还是功能性的体现，这些功能性服饰若想在市场上占领一席之地，更多还是需要依靠自身的实用性，并不是一味地靠噱头吸引消费者的眼光。

　　功能性服饰的亮点是在传统服装面料的基础上加入科技的元素，来达到智能化的要求。如防晒衣的制作，防晒织物的传统技术是在普通织物的表面上施加功能性涂层来实现UV保护和防水。但是功能性面料往往选择新材料和新技术来制作，使其具有像堡垒一样坚固的安全防护功能，它可以防风、防水、抗分裂、抗辐射、防静电、防火、荧光等。近年来各服装品牌鼓吹的自动调温衣，根据温度变化，衣物内的溶剂会发生热胀或冷缩的物理变化，来达到感知人体温度变化的功能。自动恒温衣所代表的智能服饰可以说是功能性服装的最高追求，即将智能服装穿在身上。耶鲁大学的机械工程和材料科学助理教授丽贝卡·克雷默·博蒂格里奥（Rebecca Kramer-Bottiglio）与她的团队共同研发出了一款机器人皮肤——OmniSkins。该款面料以弹性材质制成，内部镶嵌电子传感器和执行器，它可以直接被包裹在任意柔软的物体上，并赋予其运动的能力，使其真正的"活"起来（图4-1）。

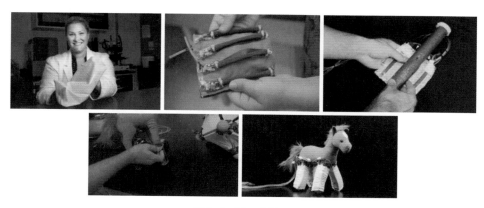

图4-1　OmniSkins

　　这类功能性服饰能在兼具保暖舒适感与美感等传统概念的同时，集成了信息采集、数据传输、能量存储等信息化功能，成为科学技术全新的应用领域，集中体现了科学技术跨界合作的较高水平。未来，这类功能性服饰将在医疗保健、人体防护、疾病防御等领域产生突破性融合。

第一节　功能性服饰与科技性

随着服装行业的发展和科技的进步，服装的功能不仅技术上在进步，所涉及的领域也在扩宽，针对运动体育类、弱势群体等不同人群的功能性服饰的发展同科学技术的进步、社会文明的发展以及经济基础和制造技术等也是息息相关。例如，在讲究健康生活的时代，全民健身的浪潮开始席卷大众，消费者对于运动服饰的功能性愈发在乎。这股全民健身的风尚更是推动了运动服饰的发展，消费者更在乎服饰对人体的保护，以及怎样更舒适、更能发挥自己的运动极限等需求，都促进了运动类功能性面料的研发。各种高科技技术加入运动服饰的研发与设计，使得其产业发生巨大改变。这些服饰更是有全新的名称，包括智能服饰、调温服饰和蜘蛛丝服饰等。

服装设计开始进入材料和技术的时代。未来，服装的流行发展取决于创新以及新材料和新技术在时装设计中的应用。每种材料的创新应用都反映了时代的发展和科学技术的进步，也为服装带来了新的内涵和艺术魅力。以下面几种新型服装材料为例：

服装面料最原始的作用是保障穿戴者的健康和舒适。然而，随着消费者的消费能力、审美眼光和生活环境的改变，服饰在满足了消费者的生理需求后，又增加了额外的积极作用。如今，智能恒温织物已经慢慢应用于服装面料的选择，并且更加强调衣服的舒适性和便利性。智能调温服装在不同环境温度中可以调节温度，保持人体温度的相对稳定性，提高服装的舒适度，并在散热、舒适性方面具有重要意义。

调温服饰可自动调节温度以达到舒适的体感温度，这种服装的科技面料在人皮肤表面形成一个隔热层，使身体保持一种舒适的温感，不会过热或过冷。这种调温服饰不仅适用于生活和工作，同样适合运动员。运动员穿上调温服装，可以避免在炎热或寒冷的环境下大量运动造成的身体不舒适感，避免因为气候和环境给运动员造成不利因素。

集轻薄、透气和保暖功能于一体的Mi6 Design蜂巢锁暖科技2in1型动衣就是智能服饰的代表。Mi6 Design堪称是服装界的"面料专家"，设计团队有与美国宇航局（NASA）合作的经验，生产出的太空衬衫具有控温的功能，将银丝科技与袜子结合，形成有抗菌效能的银纤袜；利用咖啡豆基因做衬衫，一秒排汗，具有除臭防菌等功能。而他们模仿蜜蜂蜂巢的仿生科技制作出的兼具保暖和透气效果的科技2in1型动衣，以材质轻薄、裁剪立体的优势，适用于工作、生活等多种场合。该服装的材料模仿蜂巢的六边形结构，节省材料，密封性好，空间大，非常适合储存热量。同时，服装中聚集数万蜂巢保暖格，锁住人体每一处热量，能够循环储存身体散发的热量；且保暖内层加入了远红外线陶瓷发热科技，这种技术被应用于很多户外品牌设计中，如安德玛、哥伦比亚等（图4-2、图4-3）。

图4-2 蜜蜂蜂巢

图4-3 蜂巢锁暖科技2in1型动衣

伴随科技的不断进步，智能服饰将成为人类与外界接触的重要媒介，更有可能转变成监测人们身体健康情况的重要手段，使专家能够获取在特定时间和特定地点的规定环境下人的身体健康数据。正如德国因菲尼公司生产的功能性运动服饰，可以做到检测人体健康的同时，还能拥有娱乐的功能。织物的内部有无绳线连接的电子设备，在袖口设计音乐播放器，以及在领口安装麦克风来实现娱乐休闲的目的。

智能织物的另一种类型具备增强和保护身体健康的功能。由意大利诺弗公司生产的灯笼袖衬衫的袖子采用非常薄的合金尼龙线编织而成，可根据温度改变形状。织物的内部通过无线电缆来连接诸如微型计算机、无线电话等设备，袖口安放音乐播放器，衣领装麦克风，来达到娱乐悠闲一体的服饰目的。

德国、芬兰、比利时、瑞士、英国等欧洲国家科力量发展迅猛，为智能服装的开发奠定了基础。首先，因为这些国家对新的纺织材料发展的强烈需求，同时这些国家又可以利用高科技手段的支持创新，如先进的电子技术和软件工程。智能化、功能化发展的服装产业，将会填满我们的生活，智能服装将会成为服装行业发挥时尚设计、服装制造、高端装备制造、新一代信息技术的基本优势，应对人口老龄化的社会挑战，实现国民健康监控和管理的最终产品。在未来，随着技术壁垒的突破和制造成本的下降，智能服装将成为人们日常生活必备的产品。

现今，专家们利用高科技技术还准备研发拥有防臭、抗菌功能的多次重复使用的环保服装，拥有可以检测身体健康程度和辅助残疾人生活的功能性保健类服装。近年来，日本一直致力于服装技术面料的开发。仅东京地区就有很多面料研发公司，如东洋纺、苍丽公司和钟纺合纤等，涉及各个领域内的智能服装研发，成果颇丰。高科技服饰或面料如果可以大量的投入生产，将会推动服装行业发展和扩展服饰的领域。未来，依托特定面料、组织结构、新兴科学手段、信息技术等结合的功能性服饰，集成创新，满足不同环境穿着要求的舒适性服饰将获得更大的发展空间。

第二节　设计要素与科技性的融合

功能性服饰不再局限于功能和审美观念上的追求，也越来越展现出科学性、智能化的价值。功能性服饰要推向市场，引发消费者的购买欲，不仅要在乎服装的功能核心，同时外观设计也要得以展现，做到内外兼修。通过功能性服饰的设计要素，指出功能性服饰设计和科技性之间的关系，提出适应市场改变和消费者需求变化的建议，尤为重要。

关于功能性服饰的设计要素与科技的融合，本节从功能性服饰结构要素、形态要素、视觉体验要素、交互体验要素和功能设计要素分析五个方面来解释：

1. 结构要素

功能性服饰的结构与传统服饰相比更为复杂与精密。首先，功能性服饰增添了许多人工智能技术和内部配件。内部配件依据放置的位置大致分为两种类型：一种是分散分布，即内部部件分散在服装内，且由于衣物的弯曲形状，零件多用柔软的材质；另一种是集中分布，即将所有零件放置于一个整体的面料空间内；其次，功能性服饰在结构上主要模块化的，并且每个基团的织物可以用各种方式连接，使得单件衣服有多种方法穿着，丰富产品形式，并提供创新思维。功能性的服装结构气密性、坚固性和防水性等为电子部件和部件之间的连接与嵌入也提出了更高的要求。同时也要求服装设计师在前期样式设计时，需要考虑好后期拆卸和修理等工序所要面临的一系列问题。

2. 形态要素

相对于传统服饰，功能性服饰的外形改变较小且风格单一，内嵌的零件形状与尺寸是功能性服饰在造型上受到限制的主要原因。功能性服饰中的内嵌零件大多形状规矩且样式较少，如正方形、椭圆形、矩形等，这就决定了功能性服饰的外表面料的装饰物不似传统服装一样变化多端。以远红外线保暖服饰为例，当导电纤维和芯片放置在服装面料里时，衣服的尺寸会变宽、变厚，衣服的形状也会变得宽大，这也限制了修型美体类服饰的开发，面料外部配饰的装饰物就会限制为与芯片和纤维同等形状的装饰物。

另外，为了降低服饰的制作成本，服装设计师往往会复制工业产品的设计样式，采用宽大的服装外表设计样式和几何形状的服饰装饰物。在服饰尺码的处理上，大多选用较大尺寸来满足批量生产，这已经引起所述功能性服装样式和工业化趋势在服装生产上的相似性。批量化的生产使服装缺乏个性化设计，带有明显的工业烙印，难以满足消费者追求个性差异的需求，这也是功能性服饰向科技性转变的弊端。

3. 视觉体验要素

功能性服饰视觉设计的关键是设计要素与科技手段的融合。首先，功能性服饰作为传统服饰的延伸要具备功能的基本特性，功能性服饰的未来是服饰的功能化而非科技手段的服饰化；其次，功能化在一定程度上决定了功能性服饰必须在传统服饰保护和装饰身体的穿着形式的基础上，采用结构化的设计形态来表达内涵，追求设计性、科技性的现代美感，以符合现代追求个性和独一无二的审美趋势。因此，在功能视觉设计上，就必须改变固有的设计手段，整合不同的文化元素，采用复杂和简约、时尚和科技感适当的装饰理念，注重审美情感和现代消费者的消费要求。

注重服饰的视觉体验既要处理好服装整体造型、主体和装饰物之间的关系，更要增加智能化元素在服装设计中的体现。以时尚简约的服装款式搭配优雅的装饰品，以智能化的技术手段为服装设计增添视觉上的体验感，将更为完美。魅惑水母装"Gaze Activated Dress"被称为可以被目光激活的裙子，其设计原理同它的英文名一样，可以人的目光激活裙子内的内置眼球追踪器，并产生一系列的反

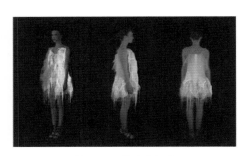

应，如裙子内部附着的发光线圈会依附于裙子不同的纹理而发光，带给观者视觉的享受（图4-4）。同样设计的还有能够适应天气变化的服装设计，对自然界中光、风、雨等自然现象做出反应，如The Unseen品牌的系列设计及Smoke Dress（烟雾裙）（图4-5、图4-6）。

图4-4　魅惑水母装

4．交互体验要素

功能性服饰将视觉、触觉、听觉等信息的传达途径与使用环境相匹配，为用户准确和有效地传递信息。服装的舒适度、敏感度、身体机能的变化等视觉刺激能够帮助使用者准确区分各种不同环境下的信息。由于人的视觉范围有限，视觉反馈对功能性服饰的穿着位置有一定的要求限制。触觉作用也可用于传递私密信息，这种反馈的方式直接作用于人的表面皮肤，是信息传递几个途径中最有

图4-5　The Unseen品牌
　　　　服装

图4-6　Smoke Dress（烟雾裙）

效的方式。听觉作用多应用于消费者处于紧急事件环境中，通过声音警报使穿着者能够快速清晰地接收信号，可以及时做出应对措施。在大众环境下，可以做到不影响他人、不暴露个人隐私，因为其采用的是内部传导的方式进行信息传递。

简化输入是指功能性服饰通过自动或简单易上手的操作方式进行信息传导。非自主输入利用传感器获取用户皮肤状况、身体健康以及所处的环境等多种信息。传感技术是非自主输入实现的基础，传感技术的发展在很大程度上解决了功能性服饰传输方式单一导致的信息输入困难问题，通过自动或简单易用的操作传递信息。非自主输入使用传感器来获得各种信息，如用户的皮肤状况、健康状况，以及所处的环境。非自主输入实现的基础是传感技术，这一技术的发展已经在很大程度上解决了功能性服饰单个传输模式信息输入困难的问题。

简单易上手的自动输入主要指通过与服饰的特征相结合的语音、动手操作和脑电波传输等，尽量避免操作员自己手动输入。避免信息录入的错误率，使信息输入过程简单、自然与准确，更加符合当下消费者对于智能和科技手段的依赖，符合其消费和生活的习惯和爱好。

5. 功能设计要素

功能差异化是功能性服饰效能设计的重要原则之一。目前市场上服饰的同一化情况越发严重，服装设计师为了追求功能性服饰的全面发展，导致了当下市场出现各种产品的智能科技化泛滥，价格不统一的情况。功能性服饰科技性和时尚性的增加，造成服饰价格的提高、性价比降低，也在一定程度上影响了功能性服饰推广的可行性。当下理性的消费者已经不再追求科技功效的全面性，而是更渴望服饰可以做到功能合理、样式简洁等。因此，功能性服饰的效能设计必须抓住消费者的需求，根据目标消费者的核心需求而设计，实现有针对性的实用功能，提高产品的推广范围。如针对儿童年龄段的身体防护和防走失之类的功能，以及中老年的医疗保健类功能。

数据服务化是指将功能性服饰所获得的数据，通过服务的形式展现出来。数据服务化主要包括以下过程：首先通过传感器获得穿着者的穿着舒适状态、身体健康状况和身处的环境等相关数据；其次基于大数据进行计算、对比、分析，判断穿着者现阶段身体状况所处的状态；最后解读数据并转化为服务传输给穿着者。在功能性服饰功能设计中，通过数据服务化而不是让用户根据数据自己判断与解决问题，能有效提高功能性服饰相关功能的使用率，为消费者提供优质的服饰穿着体验。如一些针对老年人的功能性服饰，不仅能够保存老人的身体健康数据，还能根据老人的健康状况进行定期的医疗建议推送。

设备独立性是指功能服装作为一个独立的输入和输出设备。用户可以与衣物进行直接的交互作用，无须使用第三方的方式实现的数据和信息的交换，从而提高该装置的灵活性，提高功能性衣物的使用效率。就现阶段而言，功能性服饰的时尚美与科技手段存在矛盾。由于审美设计和科学技术的差异性以及费用问题，功能性服饰想要具有自主的功能就意味着加入额外的科学技术，增大服饰的尺寸和附加设计。但功能性服饰通常被看作时尚服装种类中的一种，而不是科学设备，增大服饰的尺寸违背了时尚服装"轻便美观"的设计概念。但是，随着科学技术的集成化、小型化和科学设备交互的发展，功能服装的设备独立问题将得到较好的解决。

随着功能性服饰的不断发展与普及，功能性服饰逐渐为大众所了解与接受，这就导致相关产业纷纷涌入市场。尽管还存在诸多设计元素与科学技术上无法调和的问题，功能性服饰仍显示出巨大的发展潜力。在功能性服装的设计中，把握结构、工艺、面料、功能和相互作用的内在联系，了解当前消费者的需求，抓住消费者的关注点，认真研究市场需求才是推广的关键。服饰功能性的时代背景下，功能性服饰不仅要具有传统服装的保暖、防护、调节体温等功能，更重要的是融入科技手段让服装更好地反映人与人、人与健康、人与环境的关系，而消费者的用户体验成为功能性服饰产业发展和创新的关键。功能性服饰作为服装与功能产品结合的新兴行业，能够获取消费者的行为数据，可以发展出更多性能的服饰产品，形成更强的竞争优势，从而促进功能性服饰乃至整个服装行业的发展。

第三节　设计实践与科技性的探究

一、新材料的革新

在不断产生变化的21世纪，经济的高速发展和科技的不断进步使越来越多的具有新功能、新外观的材料源源不断地涌现出来，为与时尚同在的服装设计提供越来越广阔的选择空间。无论是复古风还是现代风，无论是简约款，还是复杂款，服装设计中需要更多地融入材料和技术的创新，在设计上有所突破，这也将是服装设计的发展趋势。在一定程度上，材料在时装设计中的创新应用是释放意识，只有这样才能有意识地用于时装设计。材料创新应用实际上是打破材料的传统应用程序，这需要冒险和突破性精神，善于打破常规思维的方式，破坏曾被定义为完美的审美习惯和原有的材料完整性，展现出新的视觉效果和功能性。然而，这种破坏性的创造力违背了中国人的审美习惯，因此，许多设计师一直徘徊在迈出"前进"的一步这一状态之中，难以实现创新。

中国常被称为"衣冠王国"，其纺织业发展史也居于世界上前几位。今天，中国已成为一个全球纺织大国。纺织品出口和纺织品贸易在世界上首屈一指。而纺织品行业的发展是服装行业发展的先决条件，对整个服装行业具有重大影响。但中国目前对于功能性服饰技术层面仍起步较晚，且国内市场没有真正被唤起，而基于材料的革新是引导市场很好的一个切入口。

西班牙设计师马尼尔·托雷斯（Manel Torres）经过十年的不断试验终于研究出了以方便、速干、廉价和环保为特征的"液体面料"。真正打破了传统面料的模式与形态，以喷洒的方式将混合有棉纤维、可溶性化学成分和塑胶聚合物等物质的溶剂喷于身体上，而这些液体在接触到人的皮肤后会新凝固为一件衣服，更加贴合人的身型，除去了测量裁剪的过程。而喷成的衣服也可以像正常衣物一样穿脱和清洗。这种面料的研发既摆脱了衣服设计制作的繁杂环节，节省了资源，同时还将设计衣服的主动权交到了穿着者的身上，穿着者可以根据自己的想法进行喷绘，创作出自己喜欢的衣服款式。不仅不会对人的身体产生危害，还可以将其再次溶解，进行二次使用，极为环保（图4-7）。

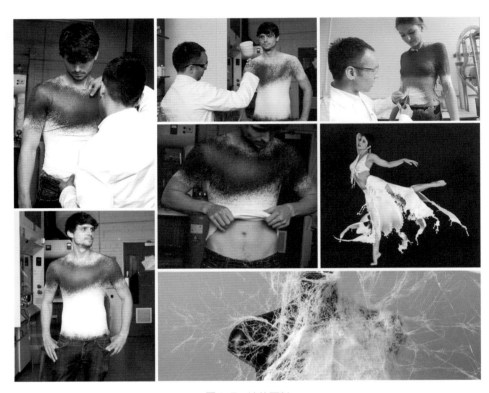

图4-7　液体面料

　　人造聚合体刚毛是仿生学的科技利用，是模仿壁虎的脚趾上数以万计的细小刚毛的结构而研发的，壁虎凭借其脚趾上的刚毛可以在不同表面上自由行动。它在与墙壁接触时脚趾上的刚毛可以弯曲变形，充分贴合墙壁的纹理，且据相关实验数据显示，其脚趾与墙面贴合的密度可接近分子级。这种神奇的纳米材料吸引了诸多专家的关注，他们将这款材料运用到服装中来，以纳米技术开发出新的能够适用于户外服装制作的新型人造聚合体刚毛材料，来增强运动鞋和登山鞋的抓地力，并在登山工具和服装中大量使用这些材料。

　　服装作为人类文明的见证者，见证了人们从衣不蔽体的原始人走过远古时代，又见证了现代人正在慢慢地走向未来。人类文明进入了人工智能的时代，物质生活需求不断增加。新的功能性服装不断涌现，先进的科学技术正在迅速改变我们的生活。许多人工智能技术被广泛用于服装，尤其是专业运动服。在功能性运动领域，一些具有独特设计和独特功能的新型服装越来越受欢迎。随着科技的进步，服装可以更好地满足人们的不同需求和用途，极大地促进了服装的发展和人们的生活质量。

水陆两用面料，简而言之，服饰面料的物质为可拉伸的两层聚酯羊毛，两层聚酯羊毛中间夹有薄如纸片的薄膜。这层薄膜将在水陆两用衣中发挥巨大的作用，在高温环境中，薄膜将通风、便于排汗散热。在温度急剧下降的水中，它将尽可能以适应人体，防止水冷空气的渗透，减少热量的流失。水陆两用衣想法的提出及研发成功，将会是游泳、跳水和冲浪运动员和爱好者们的福音。

来自澳洲的冲浪界领导品牌 Roxy 表示：随着冲浪文化不断发展，女孩对水上运动的渴望有所增加。专为女性提供高品质冲浪服装设计的 Roxy 运动装品牌，不仅兼具功能性和实用性，同时也保留了时尚的精髓。从手袋到牛仔布，从冲浪服装到手表，Roxy 的产品都充满独特、冒险、自信、快乐、活力。且在面料上融入了高科技手段，使旗下冲浪服饰具有超强的防晒功能，这也成为该品牌的一大亮点。这一亮点为其产品在众多水陆两用衣的市场下，开辟出一条生路，备受女性消费者的喜爱（图4-8）。

图4-8　Roxy品牌水系列

李筱作为中国备受关注的新锐服装设计师，凭借其硅胶与针织创意相结合的系列作品拿到了 ITS 国际创意大赛（International Talent Support）的迪赛奖（Diesel Award），突破了传统材料与技术的选择，同时也引起了国内外诸多专业人士的关注。她为了更好地增强图案在服装上的表现力，潜心于传统针织技术和新材料的研究，寻找硅胶与传统针织技术的契合点，研发出 3D 针灸技法，使硅胶、塑胶和针织技法相互交织出新的材料，创造出更具备环保性、时尚性和敏锐性的时尚设计（图4-9、图4-10）。

艾里斯·范赫本与乔兰·范德威尔合作，创造了磁铁时装。他们一开始就用树脂做衣服，树脂里面有金属填充物，这样就会产生磁压力，然后他们慢慢地开始做衣服。重要的是，服装仍然看起来自然，并能够与身体一起移动（图4-11）。

除此之外，还有纳米材料的服饰，以色列的纳诺纺织公司开发了一种纳米涂层工艺，在纺织品或玻璃上涂上氧化锌（ZnO），使材料具有永久的抗菌性能。该工艺具有成本效益高、环境友好性等特点。这种处理可以应用于任何织物类型

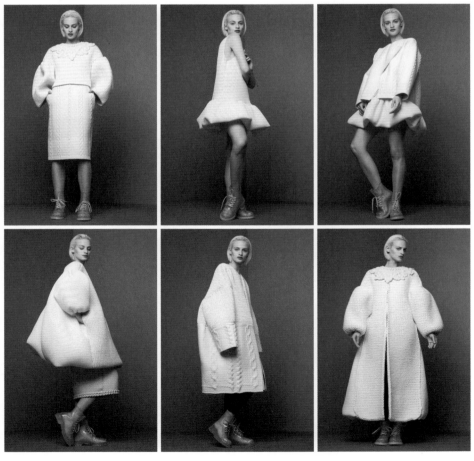

图4-9　2013年MA系列

图4-10　XIAO LI SS 2015　　　　　　　　　图4-11　磁铁时装

（人工合成的或天然纤维，如棉花、丝绸），不会损害织物或改变其颜色。该工艺使磁性、导电或疏水涂层除具有永久的抗菌性能外，还可应用于不同的表面。

　　美国PurThread技术开发公司投入900万美元用于开发一种破坏微生物的纺织品处理技术。他们是基于银盐溶液可以杀死细菌和对抗体臭，将银等元素嵌入纺织纤维。银通过中断生殖细胞形成化学键的能力来杀死细菌。当细离与银离子接触时，它们就会分崩离析而死亡。将银盐嵌入熔融阶段的纤维中，使每根线都具有抗菌保护作用。与抗菌浸渍和涂层不同，PurThread的保护在整个织物中是一致的，并已被证明不会削弱、磨损或洗去（图4-12）。

图4-12　PurThread防菌面料

　　2017年8月，麻省理工学院（MIT）的研究人员介绍了世界上第一种集成半导体织物。被称为"软硬件"的织物是由防水纤维编织而成的，这些纤维装有发光二极管和能够处理通过光发送的信号的光电传感器。

　　Vollebak品牌的"太阳能充电夹克"拥有一种防水外壳，当暴露于任何光源时，它会产生长达12小时的绿色辉光。太阳能充电夹克提供了一个强有力的安全标志，即使是在最黑暗的森林。对于骑行者和登山者来说，Vollebak的创新夹克作为传统反光背心和电池灯的替代品具有巨大的潜力（图4-13）。

　　中国科学院北京纳米能源与系统研究所、重庆大学、中国科学院大学、北京服装学院、服装材料研究开发与评价北京市重点实验室、美国佐治亚理工学院的科研人员开发出的新型电子织物，不仅可以实现自供电，而且高度灵敏和可清洗（图4-14）。

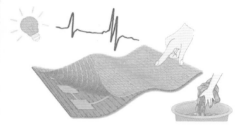

图4-13　Vollebak太阳能充电夹克　　　　图4-14　新型电子织物

二、数字技术的革新

自2010年起，国外功能性服饰领域已开始出现3D打印服装的潮流，3D打印技术带给设计师在柔软的布料所无法达到的设计和结构上的自由。不仅是3D打印技术，现在的高新技术与功能性服饰的融合，必将彻底颠覆艺术家和设计师传统的设计实践活动，传统的创作与设计思维以及大众消费者的审美角度、时尚观念、消费习惯与生活方式都将受到影响。不久的将来，设计实践、面料研发和科学技术必将面临划时代的革命。3D打印功能性服饰的技术也一样，看似才刚刚起步，也许就3~5年的发展，它必将对传统的功能性服装的生产和销售带来颠覆性的变革。

那么，未来3D打印功能性服饰技术会如何影响服饰行业呢？这里必须要理清一下目前大部分功能性服饰行业从上游到下游、再到消费者手中的过程（表4-1）。

表4-1　功能性服饰行业经营模式对比表

大部分功能性服饰行业经营模式	3D打印功能性服饰行业经营模式	对比
研发（设计）	产品研发（设计）	将设计交给科技，省了人工费和设计费等
制板	通过网络把产品的三维图纸发送给终端店铺	对比传统模式更加快速

大部分功能性服饰行业经营模式	3D打印功能性服饰行业经营模式	对比
加工	顾客在店铺从实物样板或者产品图库中挑选自己中意的款式、颜色和材质	顾客可以直观地看见和感受功能性服饰的制作过程，且顾客的选择更加多样化
入仓	通过仪器扫描身材	减少了仓库的消耗费用，且通过科技扫描尺寸，对顾客来说，更加合身，且能满足顾客独一无二的诉求
省代	根据顾客身材，以及选择的款式、颜色和材质直接打印出衣服	减少省代步骤，缓解服饰上市的时间、过程和费用
店铺	顾客付款，完成交易	快递交付于消费者，减少功能性服饰的额外投资，可将更多费用用于功能性服饰的科学技术上的研发
消费者		消费者满意度增加

在这种普遍依靠从上游到下游再到消费者的市场模式下，服饰从研发到上市通常需要半年的时间，这长达半年的时间对于科技快速发展、时尚快速变化的当今社会来说有点太长了。而功能性服饰的设计师想要准确判断半年以后的消费者需求也是一件非常困难的事情。

相较于传统服装行业模式来说，3D打印技术对经营者、消费者和社会都有着巨大的优势。对于经营者来说，3D打印功能性服饰技术不但能有效降低成本和费用，摆脱库存压力，还能第一时间跟紧科技发展的脚步，及时更新服装的科技含量，为顾客提供最时尚、最优质的服务；对于消费者来说，量体制衣，个性定制已是我们购买服装的常态，不再是高档服装消费的代名词。依消费者的需求现场改良服饰的功能，更是满足了大多顾客千变万化的功能需求，弥补了功能性服饰市场的统一化倾向，引发了消费者的购买欲望；对于社会来说，因为3D打印的功能性服饰的材料具有非常高的可回收性和可重复使用性，在回收旧衣物时，还能给顾客降低部分购买新衣服的费用，降低购衣成本。最重要的是为资源再利用和环境保护起到了巨大的作用。

2015年，在春夏系列时装秀中，三宅一生采用了3D打印蒸汽延展技术。其

图4-15　3D 蒸汽延展面料

设计主要通过对面料的改造来塑造服装的形状。其每个季度最新推出的品牌发布几乎都是最先进的技术和设计理念的结合，差别仅表现在材料性能的不同上，如PVC、硅胶、树脂和其他面料等（图4-15）。

四川美术学院在教学实验中，立足服装功能与时尚工作室的基本目标，引进人体3D扫描建模设备，并集合3D数字化设计/建模工具（SaaS），提供3D建模、仿真还原、动画渲染等功能，设计师使用Style3D绘制服装款式、制作版型、选择面料，建立3D仿真成衣模型，3D数字化服装模型可以直接用于展示或对接生产。

人体3D扫描建模设备利用光学三维扫描的快速以及白光对人体无害的优点，通过多摄像头对人体进行多角度、多方位的扫描，再通过计算机软件实现自动拼接，获取精准的云数据。而这些获取的数据为服装设计中掌握人体的参数尺寸和服装设计、个性化量身定做、虚拟试衣、三维影视动画真人建模以及医学工程、生理解剖、人机工效学、工业设计等提供了较为准确的依据（图4-16）。

此外，3D技术还进入了手机中：一款叫作Sizer的应用程序允许用户通过移动智能手机来测量自己的身体数据，然后创建一个My Size ID FIT配置文件。通过将配置文件与应用程序同步的品牌服装尺寸进行匹配，消费者可以了解不同品牌的确切尺寸。这样做的目的是让顾客在网上或商店里更有信心购物，同时减少退货带来的麻烦。

Sizer APP突破性的身体测量方法正在改变消费者网上购物的方式。其专有解决方案包括一个移动应用程序（利用先进的自扫描计算机视觉技术来扫描和生

图4-16

图4-16　3D打印时装

成购物者的身体测量数据）以及使用深度学习算法精确确定购物者喜欢的推荐引擎（图4-17）。

测量
先进的计算机视觉技术，用
于身体扫描，引导用户通过
多种姿势实时捕捉图像

结果
深度学习算法分析最优图像
并计算精确测量

平台
为跨不同平台和品牌站点使
用而生成的大小建议

图4-17　Sizer APP操作界面

生活水平的提高带来了人们对于生活观念的改变。今天，消费者对于服装的需求更倾向于时尚、环保，功能性也成为消费者关注的重点。未来，功能性服饰的研究方向仍会是和科技性或时尚性结合，对不同性能的面料和纤维进行整合，采用科技手段和设计实践，使功能性服饰的功效性更加显著，功能性持续提高，生产加工更加简便易行。

三、智能技术的革新

智能服装的到来是在特定领域和特定情况下，为了满足人们的需求并使他们的生活更轻松、便捷而出现的，其设计的目的就是围绕人。在服装领域，高科技与服装的结合无处不在。今天，一些著名的服装公司（如耐克、红豆、李维斯）和科技企业（如谷歌）已经开始开发由电脑控制的"智能服装"。

毫无疑问，智能化是未来纺织品发展的重要趋势之一。智能面料，也被称为"电子面料"和"智能服装"，是业界和学术界广泛追捧的最受欢迎的尖端技术。智能面料的出现标志着传统纺织业与电子技术、制造技术、传感器技术和物联网技术等新兴技术的更大整合。

目前，智能服装大致分为3种类型：被动智能（感知环境）、主动智能（可以检测环境并且可以响应）和非常智能（可以检测环境并且可以主动进行调整），现在我们仍处于被动智能阶段。在未来的时尚设计中，设计师不仅要重视面料和款式的设计创新，还要通过设计使技术和服装更加巧妙地融合，不仅要重视实用性和美感，还要增加各种服装的技术含量。可穿戴设备是未来智能化发展的下一步，而且可穿戴设备已经在户外服装和运动服中大量使用，例如，服装中的导航定位能力以及记录数据能力。同时，可穿戴设备还被应用到医疗领域，通过植入服装来监测人体的健康，记录个人医疗情况。更有一些针对特殊人群开发的可穿戴服装，如可以用来指导盲人的鞋子，用手机蓝牙连接，通过震动提醒行走路线等。

在智能面料领域，麻省理工学院最近有了新的进展。研究人员将高速光电半导体器件（发光二极管和光电检测器二极管）植入传统纤维中去，编织成柔性的、可洗织物，然后创建通信系统，来实现智能化。

现代科技被广泛应用到智能服装面料的开发中，我们不仅可以看到各种导电材料的身影，例如，导电纤维、导电纱线、导电涂层，也可以看到含有各种电子的元器件，例如，传感器、集成电路、LED、OLED、电池等。而智能服装的功能性也将进一步被开发，在医疗、通信、存储、交互、储能等功能的基础上研发出更多的新功能。

如图4-18所示，该款T恤在面料中嵌入了智能电子设备，这样衣服就可以播放视频。在社交生活的未来，广告牌不仅可以展示在建筑物中，还可以展示在穿着的服装中。商家可以购买能够直接播放广告的T恤，让员工穿着具有移动广告功能的服装，达到新的宣传效果，实现另类的商业风格。

萨宾·西摩（Sabine Seymour）的时尚科技初创公司素帕（Supa）将霓虹灯、心率传感器和人工智能混合在一起，让你拥有一件个性十足的智能衣服。它将使用"隐形生物传感器"和人工智能，不仅可以跟踪锻炼，还可以跟踪像紫外线这样的东西（图4-19）。

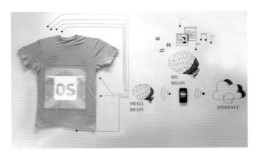

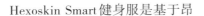
图4-18 TshirtOS T恤

Hexoskin Smart健身服是基于昂

贵的医疗技术，专为健身人士设计。该健身服装系列配备了微型肌电信号传感器，可以检测人体的哪些肌肉在工作，并以蓝牙传输共享数据，监测肌肉运动的强度和心率、呼吸频率等，该应用程序可以帮助你正确地锻炼和避免受伤（图4-20）。

图4-19　Supa动力运动内衣　　　　　图4-20　Hexoskin Smart 健衣服

第五章

功能性服饰的时尚性探究

时尚性是当下服装设计与创作的主要目标之一，追求时尚性也是现阶段消费者的主要消费需求。人们对于美的追求与日俱增，对于时尚的标准也处于不断变更之中，如何在"智"能生活中实现时尚性是目前服装设计师所要关注的主要任务。

时尚性体现了设计师和消费者的审美情趣，适应时代的标准，创造出一种具有开拓性、敏锐性的能够满足大众审美追求的服装设计是时尚性服装的主要表现方式。要了解时尚，我们不仅要了解时尚的基本概念，还要了解时尚系统中不同群体之间的互动：时尚前沿、时尚杂志、时装秀、国内和国际时装、设计师、时尚买家、商店、消费者和时装模特等都在处于该系统中。时尚性的发展与没落都是众多团体在不同机制下运作的产物。换言之，研究时尚性，视线就要在生产、销售与消费之间不断移动：没有设计师的设计和成衣匠的制作，就不会有可供消费的时装；没有秀场和时尚杂志等媒介的推广，就不会有时尚标准的不断更新和发展；而没有消费者的需求和购买，就不会有时装发展的动力和资金。因此，在我们研究服装时尚性的同时，还要考虑服装生产和推广的交叉互动。

设计师与时装模特是引领时尚潮流的主要力量，他们具有标杆性的前卫作用。"模特"最早出现于16世纪，用于对人形模特的称呼，且当时并未用于专业的商业展示。直至19世纪随着资产阶级出现，技术与市场都逐步成熟，服装设计市场也随之出现，模特这一职业正式形成。英国服装设计师查尔斯·弗列德里克·沃思被称为时装界的鼻祖，而他的妻子则是第一位正式的时装模特，夫妻二人共同创立了世界上第一支时装表演队。自此之后，模特行业兴起，成为服装界时尚导向的标杆。

20世纪末期处于经济大转型与互联网科技迅速发展的大时代，服装产业转型于对功能性服饰的研发，基于人性的需求，创造出能够满足"智"能生活的服装。而智能化时代功能性与时尚性的结合已经成为一股新的潮流。如何突破服装的传统功能性，实现智能化和时尚性融合发展的突破是本章研究的重点。

第一节　功能性服饰与时尚性

传统的功能性服饰是社会发展初级阶段局限于解决温饱问题的表现，仅限于解决冷暖、遮羞等基本问题。20世纪50年代，工业化的成果渗透到服饰领域，服装设计由实用性向时尚性转变。各种风格的服饰都存在于变幻莫测的服装市场当中，功能性服饰本身就是为满足人类某种特殊需求而设计，当这一概念涉及时尚领域时，那么本质上则是把时尚元素融入功能性概念之中，探索更多时尚表现的可能；反之则推动功能性服装的不断完善。

服饰的发展与历史的演进有着密不可分的联系，按照历史发展以及服饰出现的先后顺序，我们可以将其放在一个时间轴上去考察。以古希腊和古罗马为代表的古典主义风格，服饰与其他类型的艺术发展具有类似的形态，比例的匀称、形式的和谐赋予整个服饰以庄重感。不同时期呈现出不同的审美追求，不同阶段的服装体现出对于功能性的不同要求。当下社会对于功能性的探索，更多的强调了时尚性和智能化。如何在传统功能性模式下寻找一个合适的切入点，迎合市场的审美趣味和追求，尤为重要。

20世纪兴起的西方现代主义，影响至今，涉及生活的方方面面。高负荷、快节奏的高压背景下，简洁、时尚、智能成为服装设计的迫切需求。欧洲现代主义建筑大师密斯·凡德罗的名言"少即是多"（Less is more）被认为是简约主义的高度概括。当下的服装设计越来越趋向时尚简约，国内外秀场上出现越来越多兼具时尚性和功能性的服装设计，同时也被赋予科技元素，提升消费者的体验感。

ACRONYM是来自德国的先锋设计品牌，其设计师埃罗尔森·休（Huch）致力于时尚性与功能性结合的设计与研究，将新材料与独特的设计款式相结合，将ACRONYM打造成最强的城市机能服装，极具前卫时尚特征。以其最具特色的户外机能服装为代表，以防水挡风、多重收纳、高活动性等功能著称，广受欢迎（图5-1、图5-2）。

艾米·德特曼（Aimee Determann）毕业于威斯敏斯特时装设计专业，2017年6月其服装设计作品被选为优秀系列在荷兰时装周展出。与别人不同的是，时尚的泛滥让他走向了另一个极端，以反时尚的视角进行设计。反时尚是对于时尚

图5-1 ACRONYM 机能服（一）

在新时代被赋予的新的历史内涵，不是去追求奢侈昂贵的个人消费，是一种对于现代时尚理念的个性化反思。其设计的男装系列灵感源于"反时尚"的概念和功能性服装带来的启示：从化工厂工人的服装上寻找元素，以更为日常化的服装设计款式去展现功能性服装的价值。艾米·德特曼的服饰设计来源于对工厂制服的改造，基于功能性考量的基础上，改造传统样式，赋予其时尚感（图5-3）。

时尚的发展是不断变化和更新的，就像美国流行文化中的波普艺术，成为联结流行文化与艺术之间的桥梁。波普艺术家们的作品对于艺术品的大量印刷复制，甚至企图以廉价材料复制博物馆珍藏绘画的行为，引起了很大的争论。现代性的绘画创作中大量体现了对于传统的反思，而这种反思的形式多以一种叛逆的形式表现出来。设计师们采取了波普艺术中的折中思维方法和拼贴元素，给予一种视觉上的重复感和形象上的夸张感。在经历了波普、未来主义、中性、民族等风格的发展后最终回归到一种复古风格，时尚的发展也正是如此，通过功能性的强调和不同时代时尚元素的更迭创造出更好地适应现代生活需要的产品。

亚历山大·王（Alexander Wang）2014春夏系列使用了镭射切割技术。许多时装设计师将这项技术应用于服装，尤其是运动和休闲产品。设计师使用镭射切割技术直接在服装上设计自己的名字。也许在不久的将来，我们将根据自己的意愿将我们想要写的信息或图像设计到衣服上，更多地体现出服装的个性化特征（图5-4）。

图5-2 ACRONYM 机能服（二）

图5-3　艾米·德特曼设计服饰作品

图5-5所示的连衣裙是由美国跨国技术公司与土耳其时装设计师合作开发的一种共同品牌产品。设计师埃兹拉（Ezra）和图巴·塞廷（Tuba Cetin）合作设计的智能蝴蝶礼服视觉上令人愉悦，配有各种蝴蝶细节。虽然这条裙子看起来像

　图5-4　镭射切割技术　　　　　　　　　图5-5　智能蝴蝶礼服

普通时装，但它的蝴蝶贴花是由英特尔的爱迪生（Edison）模块驱动的。这意味着花哨的装饰品是电子的，可以移动的，蝴蝶从衣服上分离出来，四处飘动。这件华丽的连衣裙对身体的热量、运动也有反应。蝴蝶的设计是为了飞离裙子，在穿戴者周围飞舞，当旁观者越靠近裙子，蝴蝶的翅膀就越有活力。这样个性十足的礼服审美趣味十足，并带有强烈的展示色彩。

第二节　设计要素与时尚性的融合

时尚脱胎于传统设计的表现模式，超越传统，并随着时间的不断发展而被赋予新的时代内涵。服装本身富有艺术价值以及审美价值，而经济价值则源于市场和消费，与消费者的审美风格成正相关趋势。对于时尚性的精确解读往往来源于设计师及时尚先锋等相关领域人士。时尚从一个较大的范围来探讨，属于人文社科领域的研究范畴，但是科学理性的数据分析同样能够为时尚的发展提供有益的战略指导。在不同社会背景下生活的人们对于时尚可能有不同的思想观念，然而时尚本身也是一种抽象的东西，面对不同的社会环境拥有着自身独特的个性表达。

服装设计从"款式、材料和色彩"三大服装语言出发，而在服装时尚性的表达上，这三大设计要素与时尚性的表达同样密切相关。从服装面料来看，面料体现服装的"肌理"，是传达设计理念、表达审美性的媒介。面料的风格是服装材料的综合反映，是时尚的物质基础。而面料的二次创新则对服装设计和时尚性的表达具有重要影响。

前卫设计师杰夫·蒙特斯（Jef Montes）创立了他的同名品牌"Jef Montes"杰夫·蒙特斯，主打创新材料在服装设计中的表达。他将艺术性、时尚性融入服装设计的表达中，将日常生活中最常见的面料进行二次创新，并重视人的主体性，使得其服装设计被赋予了强烈的未来设计感。杰夫·蒙特斯与荷兰蒂尔堡纺织品实验室共同研发了可溶性织物，使传统的针织面料转换为与水溶解的织物，并将其运用到服装设计中去。在2016年秋冬阿姆斯特丹女装高级成衣发布会上，RESOLVER系列的服装设计给观众带来了一场视觉盛宴。模特们身着庄重的灰色长衣款款而来，手中持有的水球伴随着破裂洒落到衣服的各个部位，观众们见证着衣服被渐渐溶解、腐蚀，进而幻化成不同的形态，直至织物全部消失剩下部分网格状材质，呈现出人体本身的美。而他的"VELERO"主题系列将二次再造的反光织物与扭曲变形的服装轮廓结合在一起，呈现出特殊材质对时尚性的独特诠释（图5-6~图5-9）。

著名的日本设计师森永邦彦（Kunihiko Morinaga）在其 Anrealage 2016春季成衣系列中巧妙地运用了科技材料，采用光源折射在三棱镜上会出现彩虹光谱的原理，将传统面料织物与工业生产中使用的反光涂料相结合，使服装面料在闪光灯下转变为万花筒般组合的图案与色彩，改变服装的原有色彩和图案，增强了服装设计的时尚性表达（图5-10）。

除了时装设计的基本要素外，心理学研究也是时尚表达的重要因素之一。在19世纪中后期，法国社会学家加布里尔·塔尔德（Gabriel Tarde）和古斯塔夫·勒庞（Gustave Le Bon）在社会心理学领域开始了对时尚的讨论。他们认为时尚起源于对美好事物和从众心理的模仿。如今风靡冬季的"雪地靴"，最先便是起源于好莱坞明星把自家拖鞋穿出来行走，引得众人模仿。法国心理学家和社会学家认为，个体的个性很容易被消磨，独立思考的能力也会丧失。集体精神将取代个

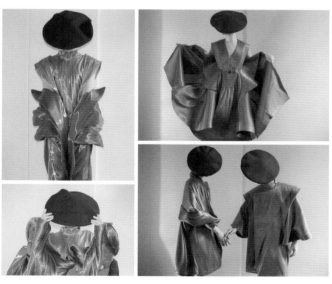

图5-6 ENCARNACIÓN CAMPAIGN，杰夫·蒙特斯

图5-7　TORMENTA，杰夫·蒙特斯

图5-8　RESOLVER，杰夫·蒙特斯

图5-9　VELERO，杰夫·蒙特斯

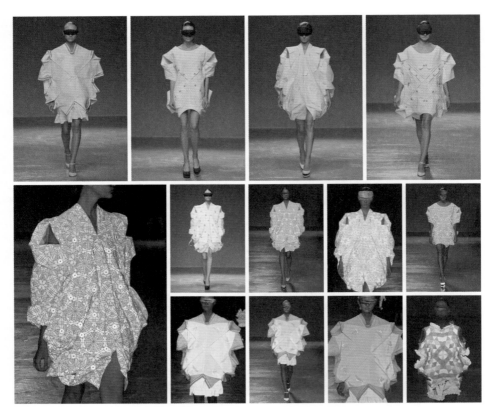

图5-10　Anrealage 2016春季成衣系列

人精神。心理学的研究为时尚设计师的发展提供了空间，不断将潮流元素融入服饰中才能适应社会的需要。1899年，美国经济学家凡勃伦指出，外表体面、休闲以及讲究时新是主导女装时尚变化的3个要素，由此也突出了消费心理对于服装时尚性和购买力的影响。1905年，哲学家和社会学家乔治·齐美尔（George Simmel）出版的《时尚哲学》确立了他在时尚领域的宗师地位。时尚是一种跨领域的复杂文化现象。时尚一方面具有模仿的特征，满足个体对于一件事物的认知判断的需求，发展一种具有时代特征的社会共性；另一方面，对于服装选择所表现出的差异也可以体现出不同人群的审美和品位。英国服装史学家詹姆士·莱佛（James Laver）对20世纪女性服装时尚性的研究颇有建树，而在早期的服装时尚理论研究中，他应该算是和服装这个领域联系最密切的一位。英国心理学家福柯是时尚理论研究领域的前卫学者，他主要在20世纪30年代受到弗洛伊德的影响，对心理结构与服装选择的研究颇有建树。20世纪60年代，美国经济实现了飞速的发展，社会学家赫伯特·布鲁默（Hebert Blumer）批判地认为时尚是人们对于美好事物的一种追求，是跻身上流社会的积极反映。上流社会的消费和着装被暴露在公众之中，公众出于对美好和偶像式的追随模式形成了一股时尚的风潮。美国人类学家阿尔弗雷德·克勒伯（Alfred Kroeber）也通过测量不同时期女性裙子长度的变化来理解时尚。从统计数据来看，阿尔弗雷德·克勒伯认定的文化形式是自包含的，而时尚只是对于人类社会"巨大长期波动"的微调器，个体的影响相对整体而言微乎其微。齐美尔、凡勃朗与布鲁默对于时尚的观点有着很大的不同，前两者对于时尚的阐释中展示了贵族的一种优越感，忽视了时尚的普遍性，因而被大众批判。而布鲁默对于时尚的阐释相对客观，也更容易为人们所接受。20世纪80年代，对于服装的研究渗透到了文化研究的视野，如果说服装的外表是服装的能指，那么服装的时尚性则深入服装内部，探讨其所指。

服装的时尚性元素取材于不同素材，与艺术密切相关。如著名"蒙德里安裙"的设计正是艺术与时尚的一种恰当的融合方式。蒙德里安是20世纪末的荷兰画家。他受现代主义趋势的影响，并称自己为"新造型主义"，也称"几何形体派"。蒙德里安捍卫几何形状的"形式美"。他的作品大多使用垂直或水平线条，完全抛弃对象的客观形象和生活内容，并将抽象运用到极致。

服装的时尚性元素也受社会运动的同步影响。吸烟装的出现，是女性主义发展到一定阶段的产物。20世纪60年代和70年代是西方女权主义发展的第二次浪潮。消除男女之间的差距和实现平等是现阶段社会运动的重点。时装设计师伊夫·圣·罗兰（Yves Saint Laurent）在服装设计方面实现了突破，他将男士在晚宴后穿着的男士礼服加以中性化的设计和女性化的处理，融合女性的高贵、柔美等元素，凸显出一种中性风，这种服装风格被称为吸烟装（图5-11）。这一服装款式的设计塑造出了一种酷帅的女性形象，冲击了传统的对于女性服装的设计

图5-11 吸烟装（1966年）

视角。在传统观念中，女性穿着长裤曾被认为是同性恋的象征，而在他的努力下冲破了女性着装的传统观念，使其成为广大人民所接受的时尚标志。时至今日，吸烟装依旧受到国内外女性的追捧。随后出现的透视装也是在服装时尚性探索中的不断突破。未穿胸衣的模特穿着透视装，放弃了传统规矩、端庄、淑女的穿衣标准，将其转为优雅、妩媚、高贵的气质，成为女性展示自己性感的流行装束。

服装的时尚性需要对设计的高要求以及市场消费策略的助力。快消品牌优衣库横扫亚洲取得了令人瞩目的成功，这一点不仅是因为它打破了传统的营销模式，也在于它对时尚的创新性解读。融入科技性元素的功能衣中搭配时尚元素、多重联名款等受到消费者热捧，加之简约大方的服饰设计，使它也成为一些潮流人士的喜爱品。优衣库在美国的销售曾一度遭遇冷门，归因于日本的销售模式并不太适合美国的市场，日本迅速度调整了发展战略，减少门店经营而新增了自动服饰售卖机，销售额得到了很大程度的提升。柳井正作为优衣库的掌门人，他真正的高明之处就在于把创意与设计上升到了企业战略的高度。同时吸收时尚界的先锋力量，三宅一生的创意总监、Lady Gaga 经典造型的创作者都成为优衣库后来发展的核心团队。

快时尚在日益增长的消费需求下变化万千，但正是因为设计的严格把关、新模式的营销运营和对于时尚性的把控，才不断地为服装消费市场打开了新思路。

第三节　设计实践与时尚性的探究

设计实践是服装操作的最后一个需要注意的环节，也是最为重要的。在实践中把零碎的设计元素融合升华，达到设计师想要阐释的文化语言。量体裁衣、材料重组、款式的表达、排料的裁剪，着重展现人体与服装整体形象和综合艺术的美，以及艺术与技术的相互融合。结合当今的社会背景，人们普遍焦虑自身的实际发展状况，服饰的设计可以通过满足人们对于时尚性和功能性的需求，使人愉悦，实现精神的放松。同时，在现代化思潮的影响下，大多数人追求简约的设计风格，随之而来的是服饰的具体适用场合在不断的细化，反映了一种社会的进步，同时也为设计实践提出更多的要求。既要考虑到人体感官的相互作用，形成服装的全方位印象，又要给予消费者更加丰富的情感体验。现代与传统、复杂与简约，设计师们在两者的均衡中揣测消费者的喜好点。时尚创造出一种前所未有的全新模式，适当融合多方面的设计元素，会为服装设计带来更多的新意。

设计实践作为一项为他人服务的构造活动，一般来讲需要遵循以下3个原则，第一个是"KISS原则"，这个"KISS"是英文中"保持简单，甚至有点笨的方式"的缩写（Keep it Simple Stupid）。通过直接接触问题的方法来解决问题，设计是为了让人有更加愉悦的生活体验，设计中的模式需要体现一定意义上的人文关怀；第二个是多方面考虑设计的多种可能性，作为设计师始终要记住：一个问题不止有一种方法可以解决。设计的模式并不是固定的，如何去打破传统，寻找新的操作模式，只有这样才能真正地创造出符合日益多样化的市场需求的设计产品；第三个是"使用者中心原则"，分为产品本身和使用者两个部分。设计更多地体现着一种人文关怀与时尚性的表达，简单的不同会带给人很大的程度上使用体验的提升。

香奈儿的设计中包含着法式浪漫主义情怀，以及高端定制服饰的匠心和对传统观念的打破与创新。奢侈品的时尚发展模式可以实施一种更纯粹的时尚，就像好莱坞的影星可以自由选择自己的风格，不用去顾忌他人的想法，因为他们的风格就会成为未来的时尚趋势，从心理学角度讲也算是一种从众效应。功能性服饰这个概念在当今社会的发展下，时尚的观念变得更加模糊，反而为之提供了更为广阔的消费市场。2014年黄渤登上春晚舞台表演歌曲独唱《我的要求不算高》，然而服饰却引起了社会的争议，有网友找出了爱马仕品牌的模特原图进行对比，调侃黄渤把爱马仕高端品牌穿成了工装，但实际上黄渤所穿服装其实就是中国设计师专门为了春晚表演而设计的工装，以表现日常百姓人家的生活。这样的巧合源自何处不是我们当下需要讨论的问题，我们可以看到爱马仕这样的奢侈品牌也在探讨时尚的多种可能。功能性服饰与时尚的关系在社会发展中正逐渐变得密切，我们可以充分通过对服饰设计的解构与重组，探讨功能性服饰未来发展的崭新可能。哲学上讲，物质决定意识，我们恰恰可以通过对服装设计的形式改变来探讨服装发展的新模式（图5-12）。

图5-12　不同着装风格

　　日本设计师中里唯马（Yuima Nakazato）突破传统的针织材料，选择二次再造后的材料，从而塑造一种独特的服装款式结构和纹理。他一直在探究服装设计实践与未来性的衔接，通过款式、材料和功能等因素的延伸性研究，他期望在未来实现"对每个人，由他自己来设计自己的衣服。"在中里唯马以"火、风、水、土"为主题的未来服装设计中，他注重时尚性的未来表达，结合最新技术，在没有针线缝制的前提下，选择以单位构建的面料来组合服装的款式，构想服装的未来（图5-13）。"UNKNOWN未知"系列是他以冰岛旅行中所遇到的极光与冰山为灵感的主题设计，以塑造自然奇观为特色（图5-14）。该系列服装采用日本折纸工艺和2D、3D打印技术的相互协作，加之LCD屏幕中使用的全息胶片，创造出了极具时尚性和未来性的UNKNOWN连衣裙。此系列主要以3D打印的矩形薄膜片通过绘图机的切割和日本传统手工艺的折纸技术组成单个的单元，再将其链接在一起塑造成三维立体的服装。而在2018年的巴黎春夏时装周上，他的新系列"和谐"（Harmonize）主要专注于研究人体与服装间的互补性及关系，掌握最新技术和环保意识，探究服装创作与未来的可能性（图5-15）。"单元构成织物法"（Unit Constructed Textile）是该系列创作的基础，而废弃的工业产品是创作材料。他将材料切割组合成不同的单元，以拼图式的方法拼接组合，抛弃传统缝制环节，使各个单元可以像拼图般拼接在一起，既可以让穿着者基于自身的审美和意愿改变服装的款式，又极具环保可持续的价值，同时还能维系穿着者与服装间的情感联结，创造出属于个人的专属服装。

　　像中里唯马这样的设计师还有很多，他们为服装的时尚性和功能性发展做出

图5-13

图5-13 "火、风、水、土"系列

图5-14 "UNKNOWN未知"系列

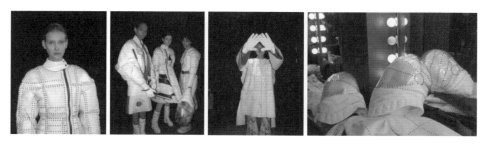

图5-15 Harmonize系列

了重要贡献。而服装时尚性的探索源于不断的设计实践，并依附于市场因素、心理因素、时尚趋势和设计元素的不断变化。在未来的服装设计实践中，时尚性、功能性和未来性将居于主导地位，创造出更多满足人们智能生活需求的服装。

　　侯赛因·卡拉扬（Hussein Chalyan）推出了两件女装礼服，一浇水就会融化。虽然时装设计师们不断地突破时尚的界限，但很少有人通过使用新技术来做到这一点。卡拉扬的高科技服装展示了如何用智能纺织品来增强服装时尚性（图5-16）。

图5-16　可以溶于水的服装设计

第六章

功能性服饰的品牌性探究

第一节　功能性服饰与品牌性

一、服饰设计品牌

"定位"理论是产品设计与销售的重要理论之一，而品牌与定位的关联性尤为密切。目前的市场中，人们将品牌定位看作是评判某一品牌优劣、性价比等的标准之一。而对一部分人来讲，似乎将定位看作是品牌的全部，大有一"定"万事休的味道。那么，问及品牌定位到底有哪些内容？往往是含糊其词的人居多。在有关品牌定位的相关著作中，关于品牌定位的分析与解释也是一些笼统的概念，并没有实质性和全面性的分析和解读。就此，本章从服装品牌定位出发，对品牌定位的概念、特征、重要性等进行剖析。

1.品牌定位的概念

品牌的定位是指对产品属性、消费对象、销售方法和品牌形象等的确定和划分，为品牌的生存找到并建立适当的时间和空间。这里的时间是指产品系统进入市场的机遇以及品牌诞生的机会因素；空间是指产品系统在市场中切入的区域，是品牌推广的区域因素，即消费的基本要素。

品牌定位是使用大量数据和真实有效的图形来量化和合理分析市场研究的结果。根据提出的客观品牌风格，可以得出相关结论，总结出品牌推广在一定条件下应该采取的品牌战略与策略。

2.品牌定位的重要性

（1）品牌的准确定位关乎品牌发展命运。

有些公司没有认识到品牌定位对于品牌发展的重要性。因此，他们不愿意在这里花费大量的精力和财力。在初步定位之后，他们就暴露出一种急于求成的心态，这将导致未来的被动局面。造成销售和财务上的危机，还可能会延迟商机并导致投资失败。

（2）品牌定位报告决定投资总额和使用比例。

品牌的实际运作基于品牌定位报告。虽然总投资越多对于品牌的运营更为方便，但投资却不尽如人意。与目标相比，资金不活跃或成本失控，会造成资金浪费；如果投资太小，资金不足，就会造成资金短缺和营业额不佳。国内许多公司都遇到过投资金额不及时或不足的情况。

（3）品牌定位是品牌发展的方向和准则。

虽然品牌的风格可以根据市场需求在品牌的实际运作中改变，但这种变化必须在有限的范围内进行。品牌风格变化不定，是品牌服装的禁忌。因此，一旦确定了品牌的风格，必须在一段时间内相对稳定。如果在操作过程中出现问题，则只能进行局部调整或细节调整，并且无法随意进行根本上的更改。

3. 品牌定位的原则

品牌的定位是具有某些行业规则的商业行为。为了让一个新品牌在激烈的贸易战中找到立足点，就必须基于公司资金、人才和技术的全球形势来制订。定位原则可以有所侧重地突出某方面。

（1）顺应原则。

跟随市场主导流向，寻找目标品牌。发现市场趋势中的热门话题，并遵循市场上最畅销服装品牌的产品特点。

优势：由于行业已经有成功品牌的例子可以作为参考，使用这个原则比较保险，可以避免市场风险。

缺点：产品的风格很容易与其他品牌相似，品牌容易没有特殊的功能性，缺乏个性，品牌的吸引力差。这个原则更适合中低档服装品牌的定位。

（2）对立原则。

与流行的市场风格相反，采取另类和个性化的品牌路线。

优点：个性丰富，款式突出，可以形成更加明显的品牌风格。这个原则更适合高档服装品牌的定位。

缺点：社会需求总量较小，目标消费群体较小。太个人化的产品将失去市场。

（3）空位原则。

寻找当前服装市场的风格和多样性，创造一个行业的空缺或罕见的风格。这个原则适合不同档次的服装品牌定位。

优点：由于其前所未有的风格，会因极少的竞争对手和潜在的消费者市场而独树一帜。

缺点：从推出到被接受，消费者需要一定的认知和接受的过程，同时存在一定市场风险。

4. 品牌定位的内容

根据品牌定位系统的相关概念，在为新品牌进行定位时，必须包括以下内容：

（1）定位消费对象。

在分析消费者对象时，必须明确划分性别、年龄、收入、性格、职业、地区、民族等。不同的消费对象在服装消费方面的兴趣、能力和行为存在很大差异。

（2）定位产品风格。

风格分为主打风格和支流风格。主打风格是指适合大多数消费者的风格，并成为市场的主导产品。相对来说，它的受欢迎程度更高，时尚略低。支流风格是指有极端偏好的消费者，多是市场上不太常见的风格，时尚度较高，流行度较低，往往是受欢迎的前兆。

（3）设计定位。

设计定位是指由设计概念驱动下对设计元素的选择。一种服装风格通常可以由许多设计元素组成。

（4）产品类别。

在产品类别的定位中，确定主要产品（也称主打产品）和辅助产品（也称美化产品）之间的比例关系。主要产品是销售利润的主要来源，辅助产品促进了主要产品的销售。

（5）产品价格定位。

产品的价格是产品定位中非常重要的一部分。如果价格过高，销售量有限；如果价格低，则易造成稀缺。最大化产品的利益是每家公司的业务目标。有必要根据公司的实际情况和品牌形象制订最合理的产品销售价格。

（6）销售定位。

销售定位分为销售场所（即产品通道）定位和销售手段定位。

（7）形象风格定位。

品牌形象具体表现为卖场装修形象，同时也包括服务形象和宣传形象。

（8）品牌目标定位。

品牌目标定位是指品牌发展的方向。品牌的目标定位可分为销售目标和市场地位目标。

5. 品牌定位的表达

品牌运营不是个人战斗，而是团队行动。品牌的定位是设计师和相关人员长期思考的结果。定位思维看不见摸不着，却可以使整个团队在透彻的理解下团结一致，并在实际操作的过程中进行合作，其结果必须以某种方式来表达。品牌定位的结果往往以品牌定位报告的形式呈现，报告不仅总结了以上内容定位的元素，还包括市场调研和流行趋势分析的结果，也可以包括品牌推广和营销策划、品牌推广的程序性文件、宏观规划指南等。

二、品牌发展的历史

现代服装业有三次创新浪潮。第一波开始于1857年，"时装之父"查尔斯·弗雷德里克·沃斯的时装店在巴黎建立，从裁缝中衍生出的专业服装设计师职业，造就了保罗·波华亥、香奈尔、伊夫·圣·罗兰等世界顶级时装设计大师。当时，法国引领西方时尚，为现代高级时装奠定了基础；服装行业的第二波浪潮，宣告了个性化的高端时尚不再主宰世界的时尚，而是由大众化的服装品牌替代。1968年，随着时装设计师巴伦夏加时装店的倒闭，它宣布"高级时装成衣品牌的普及化使服装设计变为一项系统的工作，服装公司的各个部门职能逐步明确"。成就了众多享誉世界的时尚成衣品牌，如路易威登、古驰等。

知名的国际服装品牌，从20世纪中后期到21世纪初，主要来自巴黎、米兰、伦敦和纽约等国际时尚之都，引领世界时尚潮流。目前，国际服装业的第三次浪潮已经开始，电脑化已成为服装行业在这个时代转型的重要特征。自21世纪初以来，许多来自非时尚起源的时尚品牌如ZARA、H&M等快时尚品牌已占据主要消费市场。这些品牌的设计已经不再依赖设计师个人的创造，现代化服装设计工具被运用于研发流程中，已成为赢得市场的工具。高效、科学的信息技术已从服装创意设计贯穿整条服装产业链，拓展至企业资源计划系统、产品研发生命周期管理系统。

时装潮流一直被时装设计师和时尚界人士追逐，但本书认为时装设计师只是时尚实施者，而不是纯粹的创作者。时尚服饰是在一定的社会背景下客观形成的，不随人的主观意义而变化。时装的培训可以通过服装设计师的个人创造力，也可以通过对许多不可或缺的因素进行客观、精确的分析。历史上的服装设计大师们在适当的时间、适当的地点推出了适当的款式，成为"时尚"。他们创意设计的成功并非偶然，而是因为恰当把握了时代的客观需求。时尚创意不再由部分地区、部分人主观推断或引导，快时尚越来越成为当前主流的消费特征。在这股创新浪潮中，适当的信息工具的开发准确地捕捉到时尚知识并在产品中快速反应，是服装产品成功设计的关键。

在当前情境下，利用感兴趣的技术系统管理时装知识，使其能够从设计经验中形成一种新的、系统的、快速的、客观的时装设计模式和原始的、分散的、凌乱的时尚数据，提高中国服装企业的自我完善。研发质量和效率的关键以及市场竞争力的提高也符合服装业国际化发展的新浪潮。

品牌是一个重要的资源。在国家层面，品牌资源标志着一个国家的发展程度。许多国家没有物质资源，但它们确实拥有品牌资源。因此，要提升中国服装产业的国际地位，必须认识到品牌价值是中国财富的重要领域。目前，中国功能性服装品牌的发展现状可以从以下几个方面得到认识。

1. 服装品牌生命周期短

根据鸿业资讯公司调查统计，中国服装市场每年约有2000个品牌被淘汰，平均每天有6个品牌被淘汰，每个品牌的平均预期寿命仅为4小时。在2000~2005年，中国500家领先服装品牌的平均寿命仅为1.5年。而对于目前国内销售前50强的国际服装品牌，平均年龄要长很多，甚至一些国外服装品牌已经有百年的历史。

众所周知，品牌是有生命周期的，所谓的生命周期是指产品在市场上从上市、销售到淘汰的过程，具体分为产品的导入期、成长期、成熟期和衰退期。产品的生命周期都是有限的。我国服装品牌大都速成，商品在企业特殊经营策略促使下，使品牌衰退期过早产生，起来得快，倒下得也快，这类品牌既没有质量上乘的产品，也没有区别于竞争对手的营销模式。仅是利用巨额的资金进行集中的广告轰炸和造势，用钱在最短的时间内吸引大量消费者，是用钱垒起来的"知名"品牌，这样的品牌肯定生存时间不会太长。

2. 服装品牌缺少文化内涵

目前，中国服装质量大大提高，并获得了国际认可。中国制造占据了国际市场的很大一部分。中国制造不仅价格便宜，而且产品质量已达到国际标准。但唯一缺少的是我们不够创新，没有足够的内涵，没有自己的特点。世界名牌服装和普通品牌服装的区别在哪里？结论是两者对消费者而言心理感受是不同的。品牌的核心在于品牌的不同文化内涵，寻找服装的功能已经从覆盖身体到反映自己的个性，展示自己的形象、展现自己的身份。服装行业竞争的最终目标通常是品牌，品牌的支持就是文化。众所周知，外国服装品牌通常是经过几代人家族式的苦心经营的，具有鲜明的品牌特征，甚至传奇故事，总是呼应消费者的文化情结。相反，大多数中国服装品牌以产品为主，很少注重内涵，没有自己服装设计和品牌文化的风格，甚至许多服装公司是跟随、效仿其他服装公司来制作与出售。专注于设计，而不是文化，缺乏创新，不注重营销和品牌管理是中国品牌所存在的很大问题。

在中国销售的90％以上的国际服装品牌都是以创始人的名字命名的。这些服装也一直贯穿着创始人的设计，无论是否有明显款式的变化：香奈儿时装永远保持着高雅、简洁、美观；范思哲设计风格非常生动，以一个独特的艺术领导者，强调快乐和吸引力；普拉达的设计与现代人生活密切相关，其设计背后的生活哲学正巧契合现代人追求切身实用与流行美观的双重心态。而走向世界的中国服装品牌必定也要从中国市场上走出来。如果我们也有一些品牌可以贯穿中国特定消费群体的童年、青春、恋爱、结婚、组成家庭等人生最美好的经历，使他们有一种美妙的依恋感，那么其发展成为知名品牌将大有希望。急功近利只会造成本土品牌的短命。品牌不可能在短期内创造，也不可能靠广告来创造。

3.消费者不认同中国的服装品牌

中国的品牌往往面临一种尴尬，与一些外国品牌相比，消费者认为本土品牌不够好。通常，他们选择一些已经成熟的国际品牌。一些国内企业抱怨消费者"崇洋媚外"，这意味着本地品牌没有机会成长和发展。但从消费者的角度来看，购买选择是很自然的。根据鸿业资讯公司对我国10大城市的调查数据显示：52%的消费者更喜欢外国服装品牌，而国内品牌仅占18%。另有23%的消费者认为品牌无所谓，他们更关注价格、质量和款式；另有7%的消费者回答："我不知道"。在外国人看来，中国服装虽然便宜，但缺乏文化内涵，所以追随时代潮流的外国消费者对中国服装品牌毫无兴趣。此外，中国仍是一个发展中国家，国家品牌服装尚未得到国际认可。

4.我国服装品牌正在迅速成长

在中国庞大的纺织品和服装公司中建立品牌的意识和努力是非常可贵的。中国服装协会连续三年荣获服装品牌奖的评比，引起国内外广泛关注，并对其中16家服装品牌企业进行了分析，占全国服装品牌的16.5%，利润总额占9.26%，平均利润率是7.72%。换言之，服装公司具有很强的品牌知名度和有效性，但是还没有到位。

第二节 功能性服装与品牌性的融合

功能性服饰的品牌建设十分重要，在大变革的今天，通用性产品体系、IP形象塑造、精细化企业管理对于品牌的影响将越来越大。

一、通用性产品体系

21世纪将是通用的社会。特别是对于企业来说，产品的通用化将是一个巨大的商机，虽然功能性服饰强调个性与专一化，但这个特质同样也限定了其本身。更加多元的产品定位、细化的产品门类，将会促进人们对功能性服饰的了解与消费。在未来，轻便、通用的服饰一定是时代的主题。RENOWN公司推出的新品牌"STYZE"考虑到了各种体型的消费者，型号比一般服装分得更细，有的型号是专门为那些特殊体型的人群设计的。在日本，女性服装往往是根据年龄来区分不同的型号，如50岁以上的女性有专门的尺寸，而实际上有的女性即使到了50岁仍旧保持年轻的体型，RENOWN公司的新品牌分3种体型：老年体型、太太体型、小姐体型，每种体型又分3种尺码，这样就将服装细分成了9种尺寸，更适合顾客的选择。该公司广告部门说："我们经常可以看见妈妈穿女儿装的情形，时装没有年龄的差别。增加尺寸型号，可以满足一些潜在的需求。"

二、IP形象塑造

常规的明星商业代言已经见怪不怪，与常见的文化符号（例如，动漫形象、游戏人物、历史故事等）合作，打造设计师个人品牌，越来越成为后续功能性服饰发展的一条捷径。

IP已然成为近两年最为火爆的热词。著名游戏制作人、作家王世颖给出了IP的定义：一要有内容，能够从一个领域衍生到另外一个领域；二要有知名度；三要有一定的粉丝群。"这样IP才有价值。如果只有一个品牌名称，只有一个LOGO，还算不上IP，所以品牌IP相对于其他门类的IP来说，最重要的就是缺乏内容，这是需要我们去营造和引申的。"

清华大学高级研究员、社区研究所创始人王旭川也有同感。他认为，品牌创建IP应该将品牌名称变成一个故事，设立独特的形象、内容，还要有自带话题的流量传播，便于传播、转发，产生流量价值。更为重要的是进行持续的人格化演义，要把品牌打造成产品的人格化、品牌的人格化。"该如何去做人格化品牌？首先要孵化小众粉丝，再通过内容引爆产品，制造一种流行，形成一种生活方式，最终形成商业变现。"

这其实与当下倡导的体验经济一脉相承。什么是体验经济？品牌战略顾问、青岛创想力文化传媒有限公司合伙人盖彦说："要以产品为道具，以服务为舞台，让用户产生难以磨灭的体验，让用户爱上产品，和用户真正建立深层关系的构建。"

这也是时代的潮流。互联网将频道变为垂直频道。现在企业和用户是互动和共生的。甚至一些企业先拥有市场和用户，然后进行产品设计和开发。盖彦说："越是线上，越需要线下的体验。从产品力、营销力发展到影响力，品牌必须丰富产品内涵。"这是因为越来越多的消费者正在寻找品牌价值。在相同条件下，消费者更愿意选择能够快速触动心灵的品牌。可以看出，这种品牌不仅是对产品的认可，也是生活中不可或缺的一部分。它是情感的代名词。

盖彦称："媒体型企业要有鲜明的价值主张，自带信息、创造内容并能够广泛传播，这样才能把真正的品牌内涵、品牌认知、品牌联想、品牌所倡导的文化传递给消费者。"

盖彦曾指出，有6种创建媒体企业的做法：做手册、讲故事、竖标杆、办会议、构社群、写专题。每一项都要展开无数内容，像写专题里也包括做好公众号，诸如此类的这一切都是为做好一个媒体型企业、构建一个全媒体形态打好基础、做好准备。所有推销品牌的企业家都是故事的国王。事实上，不仅企业家，而且各级员工都必须成为故事的国王。每天的第一个行动是营销和沟通。盖彦认为，当下企业会不会讲故事，有没有独特的品牌价值主张，能否吸引到品牌相关的族群深度互动，这一点非常重要。

智囊传媒董事长傅强强调，讲故事是一个分享的过程，并不是一个灌输的过程。"我认为故事不光是内容，故事还是客户体验，把自己还原到客户体验描绘出来，这种内容杀伤力极大。"

而品牌如何讲好故事？这一点，奢侈品牌可谓是典范。诸如路易威登的"生命就是一场旅行"。王军说："2014年11月份举办的中法时尚论坛上，爱马仕的一个副总经理曾说，越互联网化，越需要内容、实体化，做品牌就是内容竞争。这是有着悠久历史和文化品牌的判断，我认为IP作为一个枢纽点，可能对将来的商业运行、品牌运作带来全新的运作方式。"

常见的IP打造方式有以下几种：

（1）社群内容化。

互联网带来了超越地理的互动和连接。社区连接了一群具有相同兴趣、爱好或价值观的人群，而品牌IP化的最终目的就是将品牌粉丝打造成一个认同品牌价值观的群体。

事实上，这不是营销领域的新术语。陈江认为，社区现在被称为传统营销的客户群，但现在它更专注于客户群的互动和连接。

王旭川说，现在有一个名词叫"种子用户"，通过10个人分享出去影响100个人、1000个人，甚至更多的人。"以前企业做广告，是想让消费者对品牌有忠诚度，而如今更讲究通过口口相传的美誉度。"现在品牌要做到了解每一个产品的走向，并做好售后服务，还要不断吸收消费者的反馈，进行及时的品牌调整。陈江说，品牌要具备服务渠道合作伙伴、服务客户等的服务能力，在有相应细分市场的情况下实现规模化，并通过数字化进行品牌的系统管理。

整个数字化经营的过程实际上就是一个升级过程，第一是形成营销系统管理，自我管理；第二是管理客户，以及客户之间的互动；第三是生态营销，开展不同领域的跨境资源整合。

（2）传播多样化。

凭借良好的内容基础，下一步是向消费者传播并有效地传递品牌价值。目前，沟通渠道纷纷涌现。新媒体的发展似乎为品牌提供了无数可能性。即使没有进行大规模的宣传，也可以根据自己的创意来推广品牌。然而，互联网上的传播渠道相当广泛，但效果并不像外面看到的那样有效。面对现场直播和网红带货等新兴渠道，也会带来一定的迷茫。

许多服装公司希望与当网络达人合作，但这之间存也会在一系列问题，例如，如何合作以及如何选择适合自身品牌的网红。秦毅提出，重新定义产品和服务的网红将对行业产生价值。"网红的运作模式可以说是依托庞大的粉丝群定向营销。事实上，网红主播并不是品牌的导流工具，而是品牌最好的试错工具。因为品牌需要寻找新的市场、新的商业模式、新的突破口，这可以是一个尝试。"

对于与网红有着紧密联系的直播，菲鼎传媒联合创始人孙世威认为2016年是直播的元年，这种传播方式的性价比较高，而直播又与电商是分不开的。龙承万也表示，"直播+电商"已经历了从选配到标配、从趋势到取势，也就是直播形态的三个阶段：吸引用户、社交传播、电商变现。目前直播也大致分为泛娱乐的全民直播、游戏直播、商务直播、网购直播、体育直播和秀场直播等几大类，品牌要根据品牌塑造或实现销售等不同目的来进行有针对性的选择和布局。"从媒体平台到娱乐平台再到购物平台，要做一个系统的规划。"

品牌选择直播也有需注意的问题。龙承万说："网红直播的优势在于懂得粉丝的内心需求，如果你选明星的话，最好选择你的代言人长线来做。除此以外，要跟有一定影响力的达人来合作，从内容、体验上铺设传达优质品牌信息网络。同时还要注意直播场景的设计，在构建消费场景之后，要让内容到消费的路径，也就是变现的路径更加顺畅。"

龙承万以韩都衣舍为例说道："韩都衣舍在直播方面有两个创新：一是搭建十多间专属的设备先进的直播间，二是进行多元化的娱乐节目运作。这样就形成一个持续性的工程，不仅将店铺衣服作为直播主题，更使直播栏目化常态化，提高优质内容的产出，减轻广告硬度，给观众带来更好的观看体验，转化率也很高。"

他认为将来如果哪个品牌能够率先将这两个技术应用到直播中，就能抢到这个阶段的红利。"它们是在线3D远程试衣，再加上现在非常流行的VR技术，能实现服装的量身定制，我认为这将是未来企业竞争的一个利器。"

服装品牌与影视、视频结合的内容营销在当下也很受欢迎。王世颖说，以注重内容的方式去推产品，是非常有效的方式。"广告和影视的界限随着视频网站的兴起，以及各种短视频的火爆，其之间的界限已经越来越模糊。就像百雀灵新推出的一个5分钟微电影《四美不开心》，现在全网收视率已达几千万，配合'双11'的四大美人面膜也因此销售得非常火爆。"她还认为，动漫、游戏都是可以衍生的领域。

除此以外，传统品牌也已进入深度植入的领域，达到内容与品牌不可分割的效果，并由此产生一些新的模式，如边看边买。"就像爱奇艺热播的《老九门》，如果消费者喜欢剧中由张艺兴饰演的二月红所穿衣服，旁边就有购买链接，用户点击后马上就可以跳转到爱奇艺电商平台直接下单。"而任何一种营销形式都可以搭载在微信或微博上进行广泛传播。上海戏剧学院陈永东认为，除了高价值的内容、高水平的文案撰写非常重要外，发布以后的高水平评论也应该被利用起来，而且二维码要出现在所有能够宣传的地方。

简言之，IP最终是品牌化、生活方式化，将IP引入更多场景化消费，可以通过其品牌生态、人格化塑造形成消费者心目中独立的品牌形象与个性，以情感共鸣吸引更多消费者，增强黏性。

第三节　功能性服装与品牌性的探究

诗凡黎是伊芙丽集团旗下女装品牌，主打少淑女风格，目标客群为18~28岁女性。《咱们裸熊》是2015年7月发布的美国卡通电视节目。第一季豆瓣评分为9.4分，第二季豆瓣评分为9.5分，第三季豆瓣评分为9.5分，第四季豆瓣评分为9.6分。在腾讯的视频中，其单季专辑的观看次数达到了3 383万。诗凡黎和流行卡通IP《咱们裸熊》创造了一系列产品，在2017年3月15日的第一波浪潮中，销售第一天就卖出了数千件产品（图6-1）。

图6-1 《咱们裸熊》剧照

美盛文化（产品主要为动漫服饰和非动漫服饰），美盛文化最初建立了以知识产权为核心的文化生态系统，即"自有IP+内容制作（动漫、游戏、电影、儿童剧）+内容发行和运营+衍生品开发设计+线上线下零售渠道"的文化生态圈。该平台有衍生品销售平台、游戏运营平台、动漫粉丝平台和娱乐平台，并进行VR、自媒体和风险投资的产业布局，努力与公司的IP生态系统协同。

乐町携手蓝精灵IP，打造"闺蜜文化"，在"天猫520闺蜜节"期间，太平鸟旗下少女装品牌乐町联手卡通形象"蓝精灵"这一经典IP，打造"闺蜜文化"，据悉，活动期间，乐町完成销售业绩838.8万元，其中蓝精灵产品销售2万多件，互动话题类阅读量累计超500万，评价超1万条，点赞2万多个。

此前，太平鸟、迪士尼和时装创意人韩火火联合打造PEACEBIRD MEN 2016 Spring迪士尼授权合作系列在天猫独家预售，掀起了抢购热潮，大部分单品仅预售期间变全部售罄，这是太平鸟首次尝试跨界、合作经典IP。

由于不同品牌的生产过程、产品特点，以及服务的形式和内容不同，各行各业都有符合自己行业特点的做法。即使在同一个行业，也可能因为企业背景、产品特征、目标顾客等不同，彼此之间的经营管理模式存在很大的差异。在科技急速发展、消费市场变化莫测的今天，精细化的企业管理十分有必要。

企业在设计管理方面的长远眼光至关重要。在处于时尚商业巅峰期的美国，每年各行各业涌现出的新创意有90%是失败的，只10%能转化成生产力。设计是有风险的，但是在国内，很多企业宁愿选择"平稳"的方式，也不敢挑战设计的革新。这都是由于企业没有进行长远的设计战略规划，缺乏抗风险的能力，从而使企业难以获得优秀的设计。耐克之所以如此成功，很大一部分原因归功于设计部主管所做的战略性思考——他思考的并不是这双鞋子应该做成黑色还是灰色，而是需要思考耐克这个品牌要有怎样的整体风格，怎样才能创造出其他品牌无法模仿的、专属耐克独特的标签。企业发展的基础是产品，产品的设计需要有长远的战略规划，才能够将设计师的思维不只局限在对设计本身的思考上。设计师要有总揽全局的战略性眼光，要将设计在企业整体的运营和市场销售中审视。与此同时，企业需要为设计师建立完善的设计体系，才能使设计的产品与风格和盈利同步。

第七章

功能性服饰的未来性探究

第一节　功能性服饰与未来性

我国的服饰文化积厚流光，据人类学家推测，在距今300万年至500万年前地球出现了原始人类。在最初200万余年间的人类一直保持着裸态生活方式，在距今40万年到50万年前，开始有了服饰。从洪荒岁月的兽皮、树叶裹身到而今的纺织缝制服装，人类服饰的文明是一个冗长缓慢的过程。科学技术和工业革命是推动现代化进程的绝对力量，服装也不例外，从家庭生产、作坊制造到规模化的流水线制造，服装在近代的工业化浪潮中得以飞速发展，得益于机械的发明和化学研究的进步以及面料不断的研发。服装制作的便利和成本的降低，对人们的衣着方式和衣着需求产生了直接的影响，人们享受着这种科学进步所带来的新的生活方式。

科学技术的高速腾飞，后现代化和智能化时代的到来，纺织、印染、缝纫设备的更新换代，智能导线纤维服饰的面世，被称为第三次工业革命的3D打印技术在服装中的运用，虚拟建模技术和可穿戴设备的研究，如此种种，科技、文化和经济的发展与进步，无疑促进纺织服装业的更新与变革，也为其提供了多元化发展的可能。比如，社会进步的同时，人类一直追求和大自然和谐共处的平衡点，由于工业、建筑、交通等能源活动中排放出的温室气体使全球变暖的速度正在不断加快，服装行业的未来不再是单一追逐效益和产能的标准，还需要同时适应环保和生态等"绿色发展"的行动纲领，这也是服装发展的趋势与追求。在服装设计、面料染料、制作工艺和未来创新运用等方面研发，让传统产业模式转身，必须符合科学发展观，走可持续发展的道路。当今，我国服装产业的提升与发展也一直围绕着可协调发展、生态环保和智能化三大方面前行，符合并受益于中国国务院2015年5月批准发布的《中国制造2025》行动纲领，利用国家补贴的方式促进生产化的升级，使中国的服装制造业成为一个绿色且创新的，并最终实现制造业强国的一个目标。

随着社会的发展进步，服装行业也会伴随社会的价值观、科学技术的新研发不断更新。不论服饰潮流怎样变化，服饰业始终朝着多元化发展。科技的进步推动整个行业的更新及升级。21世纪的主题围绕的是绿色环保、创新及智能化环保工业革命。服装材料方面，人类正在考虑如何减少对传统化纤织物的依赖，植物纤维、纳米纤维、石墨烯等新兴环保材料将是未来研发的方向。石墨烯堪称21世纪的材料之王，它从石墨中分离出来，石墨烯具有优异的性能，韧度比钢铁强一百倍，拉伸能力也非常强，导电性超佳。电子在石墨烯的运动中可以达到光速的三百分之一，透过原子和电子相撞产生热能。石墨烯倘若运用于服装，衣服自身即会调剂温度，如此全球每年将会减少部分用于环境供暖上的能源消耗。目前，石墨烯的难点在于如何才能从石墨中大量的提取，石墨烯能够在服装上运用，将在环境保护和减少温室气体排放方面向前一大步。

20世纪50年代末，美国物理学家理查德·费曼预见了原子级材料的制造；20世纪70年代，日本材料学家谷口纪男将其定义为毫微技术；20世纪90年代，旨在推进纳米技术应用的Nano–Tex公司在美国加州注册，将纳米技术引入衣物研发中；美国国家科学基金会预计，21世纪将成为一个全新的"碳"时代。纳米材料能与其他材料服装复合，起到防雨水、防污、防紫外线和防臭等功能，而且触感好。通过对纳米材质的不断研究，让服装有了保暖遮体以外更多功能的可能。

3D打印技术也是未来科技发展的必然方向。关于3D打印的材料还在不断地开发和研究中，在材料开发方面依然有所限制，昂贵的材料成本还不能满足投入市场的需要，不过随着研发的成熟，相信不久的将来，3D打印技术会普及和广泛用于服装，给服装制造业带来革命性的深刻变化。

第二节　功能性服饰与未来性的融合

随着科技的蓬勃发展、用户更高需求的推进，未来功能性服饰的发展将呈现便捷化、系统化、情感化、可持续化4个方面集中发展，并对人们的生活方式发生巨大的改变。

1. 便捷化

便捷化指的是帮助消费者更好地完成某项工作以实现更好的生活品质。值得重视的是，这里的消费者同样包括弱势群体，即老人、幼儿、残病人士。功能性服饰的便携化一方面能优化购买体验，大数据的推荐系统以及3D试衣技术的进步将会让购买成为一种享受；另一方面，保护与增强人体机能，未来的功能性服饰会承载更多的特性，被赋予更多的使命，并逐渐成为人类工具的延伸，放大人的个性能力。

2. 系统化

系统化指的是集中了多功能的整合系统，往往以更小、更轻的面积和体积，填充服饰的功能需求，实现一体化的优良体验。未来的功能性服饰，分类会更加细致，技术也会不断叠加，不同类型的功能服饰会呈现多元发展的态势，但除却极特殊领域的功能性服装，如航空服，固定的性质注定了其单一的功能性，但大部分功能性服饰中的功能，都可以实现某角度的共存，集中于一件衣服之中。未来的服饰一定需要一种更加优化、系统化的服饰表征。

3. 情感化

一方面，随着人工智能技术的发展，可穿戴设备具备思想，与人类进行情感沟通，在未来已不再是天方夜谭；另一方面，层出不穷的新材料和新科技会加速衣物本身质感的回归，多元性与回归性表现尤为突出，这种混浊使其跨越了高雅与大众化的疆域，时常存在时代变迁之中。

（1）多元性。

在日趋多元化的未来，时尚具有更广泛的包容性，各种风格被混合成无风格的潮流，这种混浊性使其跨越了高雅与大众化的疆域，并游戏于似象非象的折中主义之间。这种现代设计思维自由扩展的趋势使异想天开的设计成为可能。未来的服装材质不仅需要对材质本身肌理独特处理，更需要把各种元素贴切地组合搭配在一起，与服装艺术风格和谐搭配，准确表达设计师的服装理念和设计内涵，形成极其独特的、完美的艺术效果。因此，许多服装设计师受当代艺术观念的影响，打破了传统的审美观念，发挥了无限的艺术想象力，尝试将一些不同质感的材料混搭在一起，进行解构重组，表现出鲜明的个性和特征，来实现惊艳绝伦的状态。如牛仔面料摆脱工作服的限制，大量的与纱、针织、丝绸等高档面料的搭配，拓展了牛仔布的使用范围，为服装设计的深入发展创造了机会。又如裘皮材质也经常和棉、麻、丝绸、毛料等多种材质搭配，极大地丰富了设计表现力。设计师频繁地通过重叠、组合等方法将不同质感的材料漫不经心地组合在一起，风格上的冲突与内在的联系产生化腐朽为神奇的力量，获得了意想不到的视觉效果，这种多种材质的重构、多种文化的融合形成个性鲜明且富有创意的全新设计风格，将会成为未来国际化的流行趋势。

（2）回归性。

回归性主要侧重于旧有面料的服饰产品与加入传统工艺的服饰产品。传统手工艺是经过数百年的发展和演变流传至今的一门生产技术，表达了人们的思想意识和情感寄托，蕴涵着丰富的艺术语言和艺术风格。随着工业时代的到来，机器化生产代替手工劳动，使传统手工技艺逐渐衰退和消亡。然而在21世纪的今天，设计师不仅要面对生态资源危机的局面，同时还要承受人文精神危机的严酷现实，这也促使其开始思考改变现状的有效途径和方法。如今在强调文化多样性和差异性理念下，传统手工技艺以其文化价值和经济价值的特征，成为设计师解决一系列问题的方法之一。一方面，传统手工艺在动手实践过程中实现了个体价值，回归自然的本体。目前有许多设计师和爱好手工艺的消费者，致力于手工艺术染色材质，研究和传习传统古法植物染色。由于每个人手法的不同，扎染的力度不同，甚至有一些瑕疵，但其展现了自然流畅而生动的艺术感染力，让人们感受到手工艺术精神的魅力；另一方面，传统手工艺的种类繁多，视觉效果丰富，如织布、刺绣、衲缝、钉珠、抽纱等。每一种技艺形成不同的风格，当今的服装设计师可借鉴其变化无穷的手工技法，运用现代设计理念和现代的材料，演绎传统与现代融合的时尚风格，为当代高级定制服装设计提供表现手段，提升高级服装的内涵和品质，从而创造超乎于产品本身的经济价值。传统手工技艺代表着人类智慧的结晶，在新的时期其必然是在蜕变与再生中可持续发展，这将成为未来服装材质原创设计的灵感库和基因库，以适应未来消费者对材质设计个性化的需要。

4. 可持续化

由于过度商业化，单纯追逐商业利益，导致环境与能源危机的加剧，当今随着绿色生态运动的开展，全球环保意识的提高，生态问题已受到人们的高度重视，而作为人类第二皮肤的服装材料生态问题无疑是最受人们重视的对象之一。绿色生态设计理念使得服装设计师从伦理和节能的角度，重新思考服装设计与材质设计的可持续发展问题，延续以人为本的传统生态观，回归自然，以生态理念指导服装产品的整个循环系统运作，这将成为未来增加服装产品附加值的重要发展趋势之一。首先，在研发新的面料时，要求不含化学物质、过敏物质和损害健康的原材料，在源头上杜绝污染材料的应用，多采用可再生纤维和天然纤维为原材料，如新型蛋白质纤维、牛奶蛋白纤维、大豆蛋白纤维、甲壳素纤维等，同时从天然材料中提取染料进行染色，严格监督生产过程中，防止生产中对环境的污染；其次，要提升可循环回收、可降解再利用的功能，节约资源和材料。如对一些过时或破旧的服装，可根据当季的流行，对其进行再设计，利用各种材料和饰品，运用材质设计的各种表现方法，对其面料表面肌理做时尚与艺术化的改造，使其旧貌换新颜，再创新的流行风潮；另外对废弃的面料边角余料，可尝试用拼接的手法，创造出不同风格和色彩的拼布面料，做出各种极具风格化的个性时装。

2010年，苏珊娜·李（Suzanne Lee）第一次在茶叶水中成功培养出纤维材料。其配方是用含糖的绿茶水做培养基，添加混合酵母，培养某种或者某些细菌，2~4周之后，茶水里就能长出类似布料的东西。现在李正与设计师和科学家合作，尝试开发出新型的皮革、丝绸以及其他纺织材料。她同南非设计师哈米西·莫罗（Hamish Morrow）一起为运动装开发了防水丝绸材料，同时也在研究通过"活的有机物"打印生产出"蜘蛛丝"。此外，她与曾开发出"人造肉"的美国生物皮革公司现代牧场（Modern Meadow）合作。该公司试图将从动物体内提取的活细胞植入生物时装（BioCouture）的生物材料表层中，从而呈现出不同动物皮毛的效果。在这些材料开始自我生长之前，可以自主控制它们最终的质量、形状和颜色等。

身为时尚和纺织布料设计师的李，经常会向生物学家求教。她认为，生物学能给未来的纺织纤维材料带来很大的想象空间，通过不同的DNA组合，可以创造出具有前所未有的功能和质地的材料。生物降解的一大优势在于能够提前预设。"比如你希望这件衣服就穿3个月，你可以在这些有机纤维生长出来之前就把这些要素设定进去，这在大规模量产的同时也解决了可持续的问题。"

无棣兴泰环保科技实现了利用日常废旧的可乐瓶等聚酯瓶片变身为一根根涤纶长丝，并且可编织出美丽的毛毯。无棣兴泰环保科技有限公司利用废聚酯瓶片年产4万吨poy/diy（预向取丝/拉体变形丝）及联产4万吨毛毯环保节能项目成为国内化纤行业内环保型、循环经济的代表项目。据统计，矿泉水瓶、可乐瓶的消耗逐年增加，并以每年超过20%的速度在增长。随着我国国民经济的快速发展，我国涤纶工业丝产能、产量和需求量均呈大幅攀升态势，国内市场供不应求。

该项技术有效解决了废弃聚酯瓶片的再利用难题。此外，该项目使用节能节水措施，循环利用水、热资源：雨水＋空调水＋新鲜水→清洗瓶片→沉淀→水洗机、印花机→污水处理→水洗机、印花机（70%~75%可使用回用水）→少量污水达标后排入污水处理厂处理，解决了环保问题。

据商务部调查数据显示，我国电子商务交易额正以每年20%的速度增长。日渐卓越的在线购物网站和无处不在的手机购物应用程序给购物者找到新颖且简单的购物模式。当绝大多数消费者都已习惯网购时，零售实体店很可能将成为零售商品的展厅，仅为消费者提供选择和订购产品的服务。越来越多的想买更便宜商品的顾客在实体店里试穿产品后选择线上购买。这种模式有些类似目前的苹果专卖店，它重新定义了零售商店的角色——不只是卖东西，还致力于开发客户关系和提升品牌高度。

在传统的服装商店，一件一件地排队试衣是件很累人的事。不久的将来，在服装销售门店内，消费者可以不用在拥挤的试衣间里试穿一大堆衣服了，他们只要进入一个房间内，由门店专门设置的3D身体扫描仪对顾客进行扫描，不到一分钟的时间，就可以得出购买者的多角度身体尺寸，然后将这些尺寸数据上传给计算机，由计算机建立一幅3D图像，并提供一系列风格各异的服装，顾客可随意挑选并在虚拟试衣镜中看到试穿效果，这就是3D虚拟试衣系统，如今在国外知名服装品牌店面已有应用，如优衣库。目前国内已有多家企业研制3D试衣镜产品，技术普遍不太成熟，试穿还未达到理想效果，但技术改进正在飞速发展，可以预见不远的将来，我们在服装企业、商场、家里都可能见到它。

英国《每日邮报》报道称，由电子港湾（eBay）推出的神奇的穿衣镜能帮助顾客快速地选择想要购买的衣服。据报道，瑞贝卡·明可弗专卖店的每一个试衣间中都配有这种新型穿衣镜。这种新型穿衣镜中储存着店内所有款式服装的详细资料。顾客可以选择自己想要试穿的服装。之后，穿衣镜上还会显示购买者所选择的这款服装可供挑选的颜色和尺码，甚至还会显示和购买者选中的这款衣服搭配的相关配饰。在购买者选择自己需要的颜色和尺码之后，卖场售货员会根据穿衣镜发出的信息将服装送到顾客手中。据悉，这款穿衣镜还能帮助顾客根据自己的喜好建立个人档案，将可能购买的衣服款式、颜色等信息储存起来。这种功能不仅方便了顾客，更使得瑞贝卡·明可弗专卖店能够根据不同顾客的需要来提供新品推荐等个性化服务（图7-1）。

图7-1　神奇试衣镜

除此之外，这款穿衣镜还能帮顾客预订饮料，甚至改变试衣间内灯光的明暗。电子港湾产品研发部主管史蒂夫·扬戈维奇在接受采访时表示："如果你把5套衣服一起带进试衣间，但试穿之后，你发现这5套衣服自己一套也不喜欢，我想，你马上就要离开商场了。如果你能在试衣间中选择最合适的尺码和颜色，并且能在试衣间中向前台服务员预订最合适自己的衣服，情况就会变得大不一样"，史蒂夫·扬戈维奇补充道："我觉得瑞贝卡·明可弗专卖店引入这种高科技穿衣镜的做法足以开启一场零售业的革命。"

此外，服装企业都有一个梦想：服装能够按照顾客的需求生产，顾客给予更高的价值品牌溢价，同时服装企业不保留任何库存，将风险降到最低。智能定制系统将使这一梦想照进现实。广东埃沃寰球定制就是这样一家服装企业，它用两年多时间，颠覆了传统服装产业的定制模式，打造出一种模块化标准模式，通过线上营销推广加线下体验的服务，第一次将ERP、实体连锁店和网上连锁商城这3个系统整合在一起，轻资产、零库存，同时埃沃研发的"店神系统"将服装行业知识转化为标准化知识，通过智能化的信息系统分析得出实际消费者的购物习惯、潮流，使埃沃在男装的个性化定制细分市场上领跑全国。3D扫描人体数据、流行趋势数据快速反应、个性定制、虚拟试衣、虚拟衣柜、3D互动橱窗的未来服装新型销售模式，将需要超大的数据存储空间和计算能力才能实现，云计算将使服装行业这一发展成为可能。

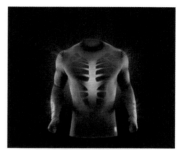

图7-2　Nike Hyperwarm Flex紧身衣

美国运动服饰公司耐克（Nike）为在寒冷环境训练的运动员研发出"Nike HyperwarmFlex"紧身衣，其由紧身裤及长袖衫两部分构成，让运动员在寒冷环境中维持温暖舒适。该紧身衣是由聚酯纤维、尼龙纤维及弹性纤维所混纺的布料，以及采用多样化针织结构制成。肘部、膝盖及肩膀的饰片采用具有弹性的针织结构，使穿着者能自由活动；而需要隔热的身体部分则使用密集的针织结构来维持身体温暖度。紧身衣的内层采用耐克的Dri-FITMax布料来达到吸湿排汗功能，进而提供温度调节的特性，以防过热（图7-2）。

较典型的案例，还有荷兰的设计师阿努克·维普雷希特（Anouk Wipprecht）设计的一条3D打印的名为蜘蛛连衣裙（Spider Dress）的智能裙子（图7-3）。其灵感来自蜘蛛的自我防御本能，它内置呼吸感应器和距离感应器，如

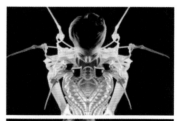

图7-3　蜘蛛连衣裙

果主人呼吸急促或有物体靠近速度太快，"蜘蛛脚"就会保护主人，其最远检测范围有6m。她还设计了可调制鸡尾酒的裙子、有人靠近就会冒烟雾的裙子。

设计师阿昂克（Aounk）和特斯拉线圈厂ARCattack合作的可通50万伏电压，但主人却安然无恙的服装。此外还有会自行绘画的衣服。他的设计无疑是服装与科技结合的最佳代表，但真要使用起来却显得格外笨重，不能为人们日常所穿戴。

2015年，深圳市智游人科技有限公司发布了国内首个专为运动女性量身打造的智能运动产品——智能运动内衣（LD smart sport bra）。该款内衣具备实时心率语音播报功能，为国内首创。甚至还有智能打底裤，穿着后可快速掌握自己的身材尺码，挑到合身的牛仔裤。不仅如此，还能推荐何种品牌适合你的需求；甚至还有智能试衣镜、智能充电裤子等。诸如此类的服装成为设计师追求的最佳目标，智能服装应是在满足人们穿着的基本功能下加入科技的含量，使其达到事半功倍的设计效果。试想未来，坐在家中的你，门外突然传来一声铃响，此时你无需起身开门，仅需将镶嵌在你手里的芯片在感应器前摇晃一下，门便会自动打开，而当客人来到你面前，穿在你身上的这件智能服装，会智能启动把背后的酒倒到胸前的小杯子里。未来的社会是人类智能的未来。在世界各领域，已开始有不同类型的智能服饰，如运动智能服、旅行智能服、医疗设备智能服等都已出现在人们日常生活领域中，为解决不同的问题，提高人们的生活质量而出现，并在设计师的努力研究探索中取得不断地发展。

第三节　功能性服饰与未来性的实践性探究

服装作为人类的必需品，鉴于对其多样性的需求，使其正成为占据最资源和造就污染的快销品之一。就中国数据来看，目前中国废旧纺织品累计存量接近1亿吨，每年在生产消费环节产生的废旧纺织品（不包括存量）600万吨左右，并且以每年超过10%的速度快速增长。中国回收体系还未健全，废旧纺织品问题依然突出。要减少服装垃圾的产生必须从消费者的价值观着手，使其意识到环保的重要性，才能从根源上减少纺织品垃圾的产生。

销售更高数量更便宜的产品所固有的业务可持续性也为研发留下了大量现金，例如，Outdry Ex Eco Shell，世界上最环保的防水夹克于2016年在全球范围内上市。环保壳牌是第一个没有故意释放PFC（臭氧消耗化学品，通常用于防水纺织品）的防水夹克。每件夹克的面料由大约21个回收塑料瓶制成的，白色外观，没有染料的使用，每次从生产线上生产出来时都会节省13加仑的水（图7-4）。

阿迪达斯与海洋保护组织 Parley for the Ocean 合作，开展了一系列海洋塑料回收计划，推出了世界上第一款由回收海洋塑料制成的运动鞋（图7-5）。并在2017年，卖出3100多万双由海洋塑料制成的运动鞋。

图7-4　哥伦比亚环保壳牌防水夹克

图7-5　阿迪达斯运动鞋

　　未来是一个文化多样性与多元共存的时代,未来消费者的生活方式必将会发生翻天覆地的变化,功能性服饰的设计必然要适应随之变化的需求,追求多品种、创造多风格、运用多手法,并融合当代新观念、新生态、新科技、新视觉,立足于精神和生活定位,力求满足未来消费者的文化诉求、价值取向、着装方式和审美品位,营造未来功能性服装的新风尚。

　　功能性服饰在未来视野下被重新定义:"智"能生活,功能性服饰越来越以人为中心,不同使用场景正变得多元统一,简约、智能、便捷成为迫切需求。一种新生活方式的革命正在兴起,正在发生于各个行业中,而服装设计作为"衣食住行"的首要环节,其前瞻性的蜕变和普及会更加迅猛,人工智能时代下的服装设计师、资本家、消费者都正处在"智"体裁衣时代的潮流下,享受着时代更迭、科技革新、设计理念升级的福利。

[1] 张文斌. 服装工艺学(成衣工艺分册第 2 版)[M]. 北京:中国纺织出版社,2004.

[2] 欧阳骅. 服装卫生学 [M]. 北京:人民军医出版社,1985.

[3] 华梅. 中国服装史 [M]. 天津:天津人民美术出版社,1989.

[4] 李当岐. 西洋服装史 [M]. 北京:高等教育出版社,1995.

[5] 欧阳心力. 服装工艺学 [M]. 北京:高等教育出版社,2000.

[6] 范福军. 服装生产工艺 [M]. 北京:中国轻工业出版社,2001.

[7] 张渭源,等. 服装设计与工程 [M]. 上海:东华大学出版社,2003.

[8] 陆鑫. 成衣缝制工艺与管理 [M]. 北京:中国纺织出版社,2005.

[9] 鲍卫君. 服装现代制作工艺 [M]. 杭州:浙江大学出版社,2005.

[10] Boucher F. A history of costume in the west [M]. London: Thames&Hudson Ltd , 1987.

[11] Ewing E. History of twentieth century [M]. London: BT Batsford, 1986.

[12] 原田隆司. 衣服的快适性与感觉计测 [J]. 纤维机械学会志,1984(6).

[13] 李仁欣,唐世君. 人体穿着热感觉预测模型研究 [J]. 纺织学报,1994,15(4).

[14] 叶海,魏润柏. 工效学研究中应用的几种假人 [J]. 人类工效学,2005(3).

[15] 贾司光,陈景山. 人体力学的生理基础及其在压力防护服设计中的应用 [J]. 航天医学与医学工程,1999(6).

[16] 张万欣. 暖体假人在设计评价液冷服中的应用研究 [C].// 李潭秋,赵拥军,李志.

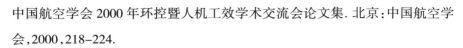
中国航空学会 2000 年环控暨人机工效学术交流会论文集. 北京：中国航空学会，2000，218–224.

[17] 彭敏. 首个纺织知识库系统建成 [J]. 软件世界，2006(14).

[18] 蓝海啸. 姚海伟. 仿生技术在迷彩伪装服中的应用 [J]. 河北纺织，2006(2).

[19] 李红燕，张谓源，李俊. 功能服装的研究综述 [J]. 丝绸，2007(4).

[20] 李红燕，张渭源. 服装功能性研究进展 [J]. 纺织学报，2007(8).

[21] 张福良. 中国服装工艺的研究现状及趋势 [J]. 浙江纺织服装职业技术学院学报，2009(6).

[22] 侯玉. 基于信息交互技术的未来功能性服装的设计 [J]. 美与时代：创意（上），2011.

[23] 张素英，韩月芬. 功能性服装的研发现状及建议 [J]. 中外企业家，2014(6).